Christine Orel und Marion Nickig

Der neue Blumen- und Staudengarten

Der neue Blumen- und Staudengarten

Christine Orel und Marion Nickig

Der neue Blumen- und Staudengarten

120 Farbfotos

Ulmer

Eine anmutige Kombi‹ation aus Purpurglöckchen, *Heuchera micrantha 'Palace Purple'*, Gefüllte Späte Tulpe 'Orange Princess' und lavendelfarbenen Stiefmütterchen.

Inhalt

„Für meine drei Männer, Peter, Gabriel und Ludwig, die Ihre Frau und Mama immer so tapfer mit den Blumen teilen"

Weiße Blüten können nie groß genug sein: Ball-Dahlie 'White Mark', *Eucalyptus gunnii 'Silbertropfen'* und weißer Mehliger Salbei, *Salvia farinacea 'Porcelain'*.

Einleitung

Ein systematisches Lehrbuch erwartet Sie nicht. Auch nicht grundlegendes Handwerkszeug, wie die Kenntnisse über Standorte, Lebensbereiche und Wuchsverhalten der Stauden, vermittle ich Ihnen. Darüber gibt es beste Literatur, die die Fülle dieser Fragen ausführlich beleuchtet. Vielmehr stellen die vor Ihnen liegenden Seiten den Versuch dar, meine subjektiven Empfindungen und Erfahrungen in verschiedenen Facetten einzufangen: einen Einblick zu geben in das, was in der Planerseele bei der Komposition einer Pflanzung vor sich geht. Allem voran steht der Gedanke, ein die Stimmung am Ort steigerndes, vielschichtiges Pflanzenbild zu kreieren. Die Charaktere der Pflanzen während des Austriebes, der Blüte und des Absterbens sowie die daraus resultierende Atmosphäre mögen die wichtigsten Kriterien bei der Auswahl der zu kombinierenden Pflanzen sein; aber Farbe, Rhythmus und Raumeinteilung zählen ebenso dazu wie die standortgerechte Pflanzenauswahl. Damit ist auch immer die Suche nach gesunden, robusten Pflanzen gemeint, die für die spätere Pflege vorteilhaft sind. Durch diese vielen Schichten entsteht ein signifikantes Thema, das in Verbindung mit dem Ort zu einer individuellen und oftmals außergewöhnlichen Einheit verschmilzt.

Die gezeigten Situationen sind allesamt eigene Planungen für öffentliche Anlagen und private Gärten oder für den eigenen Garten. Sie wurden von Marion Nickig in jahrelanger Arbeit im Bild festgehalten.

Es handelt sich um typische Beetstandorte – auf Ausnahmen werden Sie im Text hingewiesen.

Wenngleich hier vieles unproblematisch zu sein und einfach zu funktionieren scheint, so sind Misserfolge in den Pflanzflächen oder die Erkenntnis, dass eine Planung alles andere als gelungen war, auch meine treuen Begleiter. Sie werden es auch sicher bleiben, denn nur daran entwickelt sich die Kunst der Pflanzenverwendung weiter.

So lassen auch Sie sich nicht entmutigen, wenn nicht gleich auf Anhieb die perfekte Pflanzenkomposition wachsen will, sondern wagen Sie sich beherzt an immer neue Experimente.

Pflanzen
die wichtigsten und schönsten Sortimente

In den Kapiteln über einzelne Gattungen stelle ich meine Lieblingsstauden und -sommerblumen vor. Zu den Lieblingspflanzen zähle ich sie nicht wegen besonders ausgefallener Blüten oder weil sie eine Rarität sind, sondern weil sie hervorragende Eigenschaften für die Gestaltung von Stauden- und Sommerblumenbeeten bieten.

Was hilft das schönste Blau des Scheinmohns, *Meconopsis betonicifolia*, wenn er nur in humiden Regionen, auf sauren Böden und in einer Umgebung wurzeltoleranter Gehölze zu erleben ist? Interesse findet er bei vielen, doch nur bei Liebhabern, die sich einen derartigen Standort mühevoll erarbeiten und ihn hingebungsvoll pflegen, klappt es. Für den überwiegenden Anteil der Gartenbesitzer sind Stauden gefragt, die kaum spezielle Ansprüche stellen, langlebig und nicht besonders krankheitsanfällig sind. Mein Anliegen ist es, Ihnen einige weniger bekannte Stauden und Sommerblumen näher zu bringen, mit denen Sie in Ihrem Garten oder in Ihren Planungen unkompliziert zum Erfolg kommen können. Die Arten und Sorten sind allesamt gute Gestaltungspartner mit markanten Verwendungsmöglichkeiten. Die Beschreibungen der Pflanzen zielen vor allem darauf ab, Ihnen zu vermitteln, in welchen Kombinationen sie gut – und ihrem Charakter gemäß – präsentiert werden.

Sehr beliebt: Storchschnabel,
Geranium 'Sirak' (Gracile-Gruppe),
hier mit *Allium atropurpureum*.

Der Kandelaber-Ehrenpreis, *Veronicastrum virginicum* 'Album' zieht sich wie Pinselstriche durch das Beet.

Veronicastrum – Eleganz im großen Stil

Der Kandelaber-Ehrenpreis, *Veronicastrum virginicum*, wird bei der Verwendung im Garten zu Unrecht auf eher feuchte Standorte beschränkt und für naturhafte Pflanzenbilder empfohlen. Seine Größe von 120–180 cm, je nach Sorte, lässt eine Verwendung in sehr kleinen Gärten auf den ersten Blick fraglich erscheinen, aber er kann jedes Staudenbeet trotzdem bereichern. Diese Pflanze hat viele schätzenswerte Eigenschaften, darunter ihre hohe Langlebigkeit und die geringe Krankheitsanfälligkeit; auch wird sie inzwischen in einem umfangreichen Sortiment von rund einem Dutzend Sorten angeboten. Was den Kandelaber-Ehrenpreis aber für die Gestaltung einer Stauderabatte so attraktiv macht sind die besonders langen und schlanken Blütenrispen, die, je nach Sorte von Weiß ('Album') über Rosa ('Roseum') bis zart Lila ('Diana'), ab Juli zahlreich erscheinen. Bei genügend Platz für mehrere Pflanzen geht von diesen Blütenkerzen eine ausgesprochene Eleganz aus, sie wirken wie flüchtige Pinselstriche eines Malers.

Stauden und Sommerblumen in ebenfalls zurückhaltenden Farbtönen, aber durchaus opulenteren Blüten, schenken der Leichtigkeit des Kandelaber-Ehrenpreises das Gegengewicht. Flammenblume, *Phlox paniculata*, bietet sich hierfür mit Sorten, wie 'Puderquaste' oder 'Utopia', in zarten Blütenfarben an. Doch auch dezent wirkende Rosen können Sie gut zu *Veronicastrum* pflanzen. Sie alle mögen einen lehmigen, nicht zu trockenen Boden. Die Größe des Kandelaber-Ehrenpreises verlangt einen Standort im Beethintergrund und eine deutliche Höhenstaffelung zum Beetrand hin. Ebenso passen zu *Veronicastrum* auch Sibirische Wiesen-Iris, *Iris sibirica*, oder verschiedene Storchschnabel-Arten.

Zum Jahresausklang bereitet der Kandelaber-Ehrenpreis einen weiteren Höhepunkt vor: goldgelb gefärbte, quirlständig angeordnete Blätter mit majestätischer Wirkung – jedoch nicht alleine durch die Farbe, sondern vor allem wegen der ausdrucksstarken Form. Leichte Fröste schaden den oberirdischen Pflanzenteilen nicht, sodass dieser Aspekt bis weit in den Herbst erlebbar ist, es sei denn, eine lange Regenperiode sorgt für frühzeitiges Braun werden.

Bergenien-Gruppen bieten sich als Ruhepole zur Gliederung von Staudenbeeten an.

Bergenien – die vielseitigen Ruhepole

Nur ganz wenige Stauden sind so vielseitig wie Bergenien, *Bergenia*-Hybriden. Sie gedeihen auf trockenem Boden in voller Sonne ebenso wie im tiefen Schatten oder in Teichrandnähe. Sie sind ausgesprochen robust, einzig die frühen Blüten sind ein wenig spätfrostgefährdet. Zudem können die wintergrünen, derben und ledrigen Blätter bei allzu starker Wintersonne Frosttrocknisschäden davontragen.

Wenngleich die Bergenie auf vielen Standorten zurechtkommt, so stellt ihr „humider“, opulenter Charakter eine Begrenzung für die Auswahl ihrer Pflanzenpartner dar.

Bergenien mit Sonnenhut, *Rudbeckia*, zu kombinieren – einem Vertreter der feurigen sonnigen Charaktere – wäre haarsträubend. Hingegen wirken Bergenien passend zu Indianernesseln, *Monarda*-Hybriden, und der auffälligen Sorte des Ziest, *Stachys macrantha* 'Superba'.

In großen Gruppen am Beetrand oder an den Knickpunkten eines Beetes gepflanzt, wirken die Pflanzen mit dem ledrigen Blatt wie eine Art „Blickbremse“. Sie können so bestens zur Gliederung einer Staudenrabatte beitragen, obwohl die Blätter nur eine Höhe zwischen 20 und 30 cm erreichen und die Blüten 20–50 cm emporwachsen.

Bergenien entwickeln sich langsam, aber wenn sie einmal eingewachsen sind, findet zwischen ihnen kein Unkraut mehr Platz. Daher können Sie Bergenien durchaus auch für etwas großflächigere Pflanzungen vorsehen. Die Sortenvielfalt der aus Ostasien stammenden Staude ist inzwischen sehr groß. Die Blütenfarben gehen dabei vom seltenen Weiß bei 'Brahms' oder 'Nebellicht' – immer leicht errötet durch einen Hauch Rosa – über Zartrosa bei der zierlichen Sorte 'Baby Doll' bis hin zu Purpurrot bei der Sorte 'Admiral' und gar zu einem leuchtenden Violettrot der von Ernst Pagels gezüchteten 'Eroica'.

Besonders attraktiv zu den großen rundlichen Bergenienblättern wirkt feines Laub, wie das von Astilben, *Astilbe*, oder zarten Elfenblumen, *Epimedium* (z.B. *Epimedium* × *youngianum* 'Niveum', weiß, oder *Epimedium grandiflorum* 'Rose Queen') – eine Kombination für schwächer besonnte Bereiche.

In der Sonne können Sie zu den Bergenien den weniger bekannten Schlangenkopf, *Chelone obliqua*, gesellen, der mit kräftigen und zartrosa Blüten auf 60–80 cm hohen Stängeln aufwartet. Aber auch Staudenclematis, wie *Clematis integrifolia*, sowie eine Gruppe des Schlangen-Knöterichs, *Bistorta officinalis*, sind attraktive Partner in sonnigen Lagen. Von der eher ungewöhnlichen Kombination mit dem Schlangen-Knöterich geht eine ausgesprochen homogene Stimmung aus.

Akelei – eine edle Dame auf Wanderschaft

Ein fester Platz im Garten entspricht dieser Vagabundin nicht. An ihrem natürlichen Standort, dem Gehölzrand, wird die Akelei, *Aquilegia*, von den ausbreitungsfreudigen Sträuchern bedrängt. Nur ein neuer, vom Gehölzdruck unbeeinflusster Platz, sichert ihren Fortbestand.

Manche der typischen Gehölzrandstauden ermöglichen sich diese Wanderschaft durch eine kräftige Ausläuferbildung, wie der Entenschnabel, *Lysimachia clethroides*, oder durch weitläufige Absenker, wie bei der noch selten in Gärten anzutreffenden Meehania, *Meehania urticifolia*. Bei der Akelei ermöglicht eine Fülle von Samen die Fortbewegung. Wo auch immer ein Fleckchen Erde in ihrer Umgebung frei ist, entsteht aus einem der herausgeschleuderten Samenkörnchen eine neue Akelei.

Diese rege Ausbreitungsfreude wird aber dadurch ausgeglichen, dass die Pflanzen selbst recht kurzlebig sind. Manchmal sind die Individuen nach vier oder fünf Jahren, manchmal auch schon eher, von ihrer Stelle im Garten wieder verschwunden.

Damit sie ungetrübte Freude an der Akelei in Ihrem Garten genießen können, stellen Sie sich gut auf sie ein. Sie ist völlig ungeeignet, das dauerhafte Gerüst einer Staudenpflanzung zu bilden – sie taucht völlig unberechenbar mal hier mal dort auf. Sollten Sie zu den einfühlsamen Staudenliebhabern gehören, die nicht ständig zwischen den Stauden herumhacken, sondern erst dann ein aufgegangenes Kräutlein auszupfen, verpflanzen oder stehen lassen, wenn für Sie deutlich wird, um welche Pflanze es sich handelt, so werden Sie erstaunt sein, wo überall sich Ihre Akelei niedergelassen hat. Das kann zwischen stattlichen Hosta-Horsten ebenso wie auf Kies oder gar zwischen Pflasterfugen sein.

Von der Akelei gibt es eine Vielzahl von Sorten, wie die reinweiße *Aquilegia caerulea* 'Kristall' oder die mauvefarbene, gefüllte *Aquilegia vulgaris* 'Nora Barlow'. Akeleien sind eher konkurrenzschwach und zeigen weit vor den meisten anderen Stauden ihre Blätter und Blüten. Später im Jahr stört es die Akelei nicht besonders, von den Nachbarn überwachsen zu werden. Also nutzen Sie den flüchtigen Charme, das kurze Vergnügen für die kleinen Flecken, erst durch die Leichtigkeit der Akelei erhalten diese Ministandorte Ausstrahlung. Wo sie sich wohl fühlt, wird sie Ihnen viel Freude bereiten.

Selbst ausgesät kommt der flüchtige Charme der Akelei, *Aquilegia*, besonders gut zur Geltung.

Fingerhut – zauberhaft

Kurzlebige Stauden werden oft gemieden, da es schon ein gewisser Aufwand ist, sie als stabilen Partner im Garten zu wahren. Sie müssen regelmäßig nachgepflanzt werden oder ihre Sämlinge, die manche der kurzlebigen Stauden, wie etwa die Bart-Nelken, *Dianthus barbatus*, großzügig verstreuen, gehütet und an den gewünschten Standort gepflanzt werden. Beim Fingerhut, *Digitalis*, lohnt sich dieser Aufwand auf jeden Fall. Es gibt auch langlebigere *Digitalis*-Arten, wie den gelb-blühenden Großblütigen Fingerhut, *D. grandiflora*, und den braungelben *D. ferruginea*, sie sind jedoch in ihrem Auftreten nicht ganz so spektakulär wie die kurzlebigeren Arten *D. purpurea* oder Sorten der *D.*-Gloxinoides-Gruppe.

Fingerhut-Arten verbinden eine gewaltige Blütenfülle mit einem filigranen, aufrecht gerichteten Wuchs und der damit einhergehenden Leichtigkeit. Die meisten anderen Stauden vertikaler Wuchsform sind eher zurückhaltend mit Blüten ausgestattet. So können Sie mit dem Fingerhut Eleganz und Kraft gleichermaßen in Ihr Staudenbeete einbinden. Mit der weiß blühenden Form des Purpur-Fingerhutes – *D. purpupurea* 'Alba' – womöglich noch in Verbindung mit anderen weiß blühenden Stauden, wie dem Steppen-Salbei, *Salvia nemorosa* 'Adrian', lässt sich die elegante Ausstrahlung noch steigern. Fingerhut-Arten und -Sorten passen durch ihren Charakter übrigens gleichermaßen zu Stauden sonniger und schattiger Standorte, vorausgesetzt, die Partner passen zur Wesensart des Fingerhutes. Sonnenauge, *Heliopsis*, erscheint unpassend. Der Pracht-Storchschnabel, *Geranium* × *magnificum*, und Indianernessel, *Monarda*, dagegen sind sehr gute Partner.

Der lachsfarbene *Digitalis* × *mertonensis* sorgt in einer Pflanzung immer für Aufsehen, denn seine Blütenfarbe erinnert an die verführerischen Seidenroben Madame Pompadours – bei nur 80 cm Wuchshöhe und opulenten, dicht angeordneten Blütenglocken. Edle Partnerinnen sind auch *Heuchera* 'Rachel', die Riesen-Glockenblume, *Campanula lactiflora* 'Prichard' oder 'Lodden Anne'.

Die Blütenkerzen des weißen Fingerhutes, *Digitalis purpurea* 'Alba', wirken äußerst elegant.

Der mächtige Rostige Fingerhut, *Digitalis ferruginea*, zeigt seine majestätische Größe.

Funkien – Ordnung in Grün

Sie sind die perfekten Struktur- und Texturbildner in einer Rabatte mit schuppig übereinander liegenden Blättern in allen nur erdenklichen Größen und Grünnuancen sowie Blattzeichnungen.

Die dezente Blüte kann es kaum sein, die den Funkien diese große Beliebtheit verschafft – es sind andere Qualitäten, wie Langlebigkeit, Standorttreue und attraktives Laub. Ganz besonders setzen sich Funkien in Szene, wenn die struktur- und texturbildenden Eigenschaften der Nachbarn gegensätzlich sind. Die Blätter der Funkien weisen mit den Spitzen nach unten, wirken breit gelagert. Zu feingliedrigem Laub, wie dem des Zwerg-Geißbart, *Aruncus aethusifolius*, oder der Prachtspiere, *Astilbe crispula* 'Sprite', bilden sie einen starken Kontrast. Zur glänzenden *Hosta 'Lancifolia'* gefällt die Kombination mit Buchskugeln, weißer Elfenblume, *Epimedium × youngianum* 'Niveum', sowie weißen Purpurglöckchen, *Heuchera* 'Schneewittchen'. Die Vertikalen der weißen Gelenkblume, *Physostegia virginiana* 'Summer Snow', als Blühnachfolger einer blassrosa Akelei geben der Komposition noch mehr Räumlichkeit.

Lange Zeit war hierzulande alles Panaschierte verpönt, galt als Relikt der 60er-Jahre, wie die weiß gerandeten Blätter der *Hosta* 'Undulata Univittata'. Panaschierte Funkien sind für eine Gestaltung interessant, weil sie neben der dekorativen Blattfigur mit attraktiven Farben aufwarten: Grün, mit gelbem Rand, z.B. *H.* 'Fortunei Aureomarginata', und bläulich mit grünlich gelben Flammen, z.B. *H. sieboldiana* 'Frances Williams', oder nahezu weißlaubig mit grünen Streifen. Die Vielfalt kennt fast keine Grenzen. Die größte Funkiensammlung in Trompenburg, Holland, zählt über 700 verschiedene Sorten.

Funkien vertragen Schatten, einige etwas Sonne. Doch gerade im Schatten setzen die Panaschierungen Lichtakzente, die wie selbstverständlich wirken, wenn sie nicht isoliert stehen. Sie sollten mehrfach in der Rabatte auftauchen und dabei die Farbe der Blattmusterungen in den umgebenden Blüten oder anderen hell gemusterten Stauden wiederholen.

Die besonders schön gezeichnete *Hosta* 'Undulata Albomarginata' harmoniert mit einer Gruppe von Sterndolden, *Astrantia major* 'Sunnigdale Variegated', als Nachbarin genauso wie zusammen mit dem später blühenden Wald-Geißbart, *Aruncus dioicus*. Die Partner der panaschierten Funkien sollten diesen jedoch keine optische Konkurrenz machen.

Die Blätter der panaschierten Funkiensorten, *Hosta*, bringen Licht und Rhythmus in schattige Beete.

Riesen-Glockenblume – riesig romantisch

Ein wenig Geduld ist nötig, um die Schönheit der Riesen-Glockenblume, *Campanula lactiflora*, im Garten genießen zu können. Sie entwickelt sich langsam über die Jahre zu immer stattlicheren, rund einem Meter hohen Horsten, die mit opulenten Blütenkuppeln im Juni und Juli Ihre Beete zieren. Bereits im April schieben sich in zartem Hellgrün, das die Pflanze den ganzen Sommer über begleitet, die Triebe mit den quirlständig angeordneten Blättern aus dem Boden. Durch ihren Wuchs und die früh treibenden Blätter zählen sie zu den Stauden, die sich gut dazu eignen, zusammen mit Tulpen und anderen Blumenzwiebeln zu gepflanzten Blütensträußen kombiniert zu werden. Die Riesen-Glockenblume ist eine der rund dreihundert Glockenblumen-Arten, die allesamt in den gemäßigten Zonen der nördlichen Halbkugel beheimatet sind. Und sie ist eine der attraktivsten – sie vermittelt eine elegante und zurückhaltende Ausstrahlung bei gleichzeitiger Opulenz.

Die Riesenglockenblume, *Campanula lactiflora*, passt gut zum lachsfarbenen Fingerhut, *Digitalis × mertonensis*, und zur Rose 'Graham Thomas'.

Die *C. lactiflora* ist nicht für die Kombination mit kräftigen und feurigen Stauden, wie Sonnenbraut, *Helenium*, Goldrute, *Solidago*, oder Brennende Liebe, *Silene chalcedonica*, geeignet. Vielmehr kann sie mit ihren verwaschenen Rosa- oder Lilatönen der Sorten 'Loddon Anne' oder 'Prichard' zusammen mit zeitgleich blühenden Stauden ähnlich blasser Blüten, wie dem Fingerhut, *Digitalis × mertonensis*, einen nahezu morbiden Charme entwickeln. Besonders apart wirkt es auch, die Riesen-Glockenblumen hinter Gruppen der Sibirischen Wiesen-Iris, *Iris sibirica*, zu pflanzen. Letztere passt hervorragend zum Charakter der Glockenblume. Iris bevorzugt gleichmäßige Bodenfrische, auf diesem Standort sehen die Pflanzen – Iris und Glockenblume gleichermaßen – auch nach der Blütezeit noch ansehnlich aus. Trockener Boden und zu wenig Wasser bei großer Hitze rächen sich durch graue verschrumpelte Blätter. Wenngleich kräftiges Gelb die Riesen-Glockenblume übertönt, so bildet sie zusammen mit zarten Gelbtönen, wie dem der englischen Rose 'Graham Thomas', besonders sanfte Blau-Gelb-Kontraste. Das Abschneiden der ersten Riesen-Glockenblumen-Blüten um rund 20 cm fördert eine leichte Nachblüte und verlängert die Blütezeit insgesamt. Totaler Rückschnitt führt zu einer zweiten Blüte im Herbst, wenngleich auch nur mit der halben Wuchshöhe.

Wolfsmilch – die Wunderblume

Von einer Staude wird erwartet, dass sie das ganze Blütenjahr über attraktiv ist. Viele Wolfsmilch-Arten, *Euphorbia*, erfüllen diesen Anspruch und trumpfen im Frühling mit teilweise überraschenden Blütenfarben von zartem Hellgrün bis grellem Orange sowie mit grandioser Herbstfärbung auf. Dazwischen zeigen sie sich über Monate als perfekte Blattschmuckstaude.

Wenngleich nicht alle der 1800 weltweit vorkommenden Arten winterhart sind, stehen genügend Arten und Sorten für interessante Gartenideen zur Auswahl. Eine außergewöhnliche Art ist die Ausläufer treibende Himalaja-Wolfsmilch, *E. griffithii* 'Fireglow'. Sie wartet im Frühjahr mit orange gefärbten Blüten und bräunlichem Laub auf. Attraktiv dazu ist die gräulich orange geflammte Triumph-Tulpe 'Princess Irene', ideal platziert stehen die beiden vor einem dunklen Strauch wie dem Perückenstrauch, *Cotinus coggygria* 'Royal Purple'.

Ganz anders zeigt sich die Gold-Wolfsmilch, *E. polychroma*, mit neonfarbenem Gelb. Ihre architektonische Kugelform, die sich alljährlich aufbaut, kann ähnlich wie eine Buchskugel eingesetzt werden. Der knallig blaue Große Ehrenpreis, *Veronica teucrium* 'Knallblau', oder aber der zartblaue Ehrenpreis, *V. gentianoides*, machen sich ebenso gut in Kombination mit der Gold-Wolfsmilch, wie weiß blühende Tulpen und Frauenmantel, *Alchemilla mollis* und *A. epipsila*. Wenn die fast scharlachrote Herbstfärbung aufflammt, passt ein Hintergrund mit violett verfärbten, im übrigen Jahr auffällig gelb geäderten Blättern der Heckenkirsche, *Lonicera japonica* 'Aureoreticulata'.

Über die Jahre kann sich die rotlaubige Mandel-Wolfsmilch, *E. amygdaloides* 'Purpurea', zu etwa 60 cm hohen Horsten entwickeln. Sie begeistert schon im Frühjahr durch die faszinierende Spannung zwischen den cromdioxidgrünen Blüten und dem braunen Laub. Pfiffig wirken dazu Tulpen in Apricot und Orange wie die Einfachen Frühen Tulpen 'Apricot Beauty' und 'General de Wet' sowie Beifußgewächse, wie die wuchernde *Artemisia ludoviciana* 'Silver Queen'. Ähnlich zeigt sich die Süße Wolfsmilch, *E. dulcis* 'Chameleon'. Mit zartem Laub, aber so gar nicht zartem Wuchsverhalten (wuchert extrem!), wartet die Zypressen-Wolfsmilch, *E. cyparissias*, auf. Leider hat auch die aparte rotlaubige Sorte 'Fens Ruby' diese Eigenschaft. Für den Mauerrand schliesslich empfiehlt sich die Walzen-Wolfsmilch, *E. myrsinites*.

Ein gepflanzter Frühlingsblumenstrauß mit Mandel-Wolfsmilch, *Euphorbia amygdaloides* 'Purpurea'.

Die Kugeln der Hartriegel-Hochstämmchen, *Cornus mas*, wiederholen sich in der Gold-Wolfsmilch, *Euphorbia polychroma*.

Phlox – duftende Akzente

Ruhe und Eleganz strahlen die Blütenkuppeln der Flammenblume, *Phlox-paniculata*-Sorten, aus.

Wie Kuppeln in einer großen Stadt wirken hohe Flammenblumen, *Phlox*, in einer Staudenrabatte. Neben den verbreiteten *Phlox-paniculata*-Sorten setzen auch *P.* × *arendsii*, *P. maculata* und *P.-amplifolia*-Sorten starke Akzente. Ihnen allen ist ein angenehmer Duft und ein Farbspektrum von Weiß (*P. amplifolia* 'David') über Rosa (*P. paniculata* 'Utopia') bis hin zu Flieder (*P. paniculata* 'Prospero'), Violett (*P. paniculata* 'Blue Boy') und fast Karmin (*P. paniculata* 'Düsterlohe') eigen.

Durch die Farben grenzt sich das Spektrum der Partner stark ein. Eine Ausnahme finden Sie in Bauerngärten. Dort treffen farbintensive, alte *P.-paniculata*-Sorten, wie 'Württembergia' oder 'Wilhelm Kesselring' auf nicht minder kräftige Stauden und Sommerblumen, wie Sonnenauge, *Heliopsis helianthoides* var. *scabra*, Ringelblume, *Calendula officinalis*, oder Kokardenblume, *Gaillardia*.

Die kalten Farbtöne der Phlox-Arten und -Sorten laden jedoch auch zu viel sensibleren Pflanzenbildern ein. Dazu sind Partner geeignet, die sich dem dominanten Blütenaufbau der Phloxe unterordnen, die sich also entweder durch straffe Wuchsformen auszeichnen oder mit vielen kleinen Einzelblüten ausgestattet sind.

Der Ehrenpreis, *Pseudolysimachion longifolium*, von dem es neben der 'Blauriesin' eine weiße, leider mehltauanfällige Sorte 'Schneeriesin' gibt, ist recht ansehnlich zur Flammenblume, doch auch die vielen Sorten des heimischen Blut-Weiderichs, *Lythrum salicaria*, laden zur Kombination ein. Eine so zarte Blut-Weiderich-Sorte wie 'Blush' (etwas rostanfällig) wirkt sehr elegant zum zart lavendelfarbenen *P. paniculata* 'Franz Schubert'. Der nahezu violette *P. paniculata* 'Düsterlohe' erhält dagegen mit *Lythrum* 'Feuerkerze' einen strahlend magentarosa Partner. Hübsch zu Phlox sind auch die lange blühenden *Aster frikartii* und der dunkellaubige Bartfaden, *Penstemon digitalis* 'Husker's Red'.

Phlox ist stattlich und verträgt trotzdem einen noch mächtigeren Hintergrund. Zu den weißen und ganz zarten Phlox-Farben sieht die graulaubig wirkende Boltonie, *Boltonia asteroides*, attraktiv aus und die Rosa- und Violetttöne des Phlox vertragen eine so gewaltige Staude wie den Dost, *Eupatorium fistulosum* 'Atropurpureum' sowie dessen kleineren, dunkellaubigen Bruder *Ageratina altissima* (syn. *Eupatorium rugosum*) 'Chocolate', als Hintergrund. Wenn Sie Freude an einer außergewöhnlichen, aber stimmigen Kombination haben, dann pflanzen Sie rotlaubigen Fenchel, *Foeniculum vulgare* 'Atropurpureum', dazwischen und säen die dunkelrotlaubige Garten-Melde, *Atriplex hortensis* 'Red Spire', dazu aus.

Schwertlilien, *Iris*, gliedern das Beet. Sehr apart: die weiß gestreifte *Iris pallida* 'Variegata'.

Iris – von Lanzen und Schwertern

Schwertlilien, *Iris*, bieten eine große Blütenvielfalt für ein breites Standortspektrum. Die Bart-Iris (Sorten der Gruppen Barbata-Nana, Barbata-Media und Barbata-Elatior, in Wuchsgrößen von 10–100 cm erhältlich), ist auf durchlässigen, sonnigen und mehr oder weniger nährstoffreichen Böden ein treuer Begleiter zu Stauden, die genügend Luft und Licht an die dicken, fleischigen Rhizome lassen. Tausende, sich nur in feinsten Nuancen unterscheidende Sorten, wollen bewundert werden.

Bei den anderen Arten wie die Sibirische Wiesen-Iris (*Iris sibirica*, gut im ganz normalen jedoch feuchten Beetstandort) ist die Sortenvielfalt geringer, nicht jedoch die Anmut der Blüten. So auch bei der stattlichen, für leicht saure Böden geeigneten Steppen-Iris, *Iris*-Spuria-Hybriden.

Doch neben ihrem Blütenreiz sind Schwertlilien wie keine andere Staude, dank ihres straff aufrechten Laubes mit den parallel verlaufenden Adern und der glatten wachsigen Oberfläche, in der Lage, einer Staudenkomposition eine vertikale Gliederung zu verleihen. Wenngleich nicht alle Sorten der Barbata-Gruppen über langfristig gesundes Laub verfügen, so können sie, wie die robusteren, mehr „wildes Blut" besitzenden *I. aphylla* oder *I. sambucina*, zur Rhythmisierung im Staudenbeet beitragen. Und dies nicht nur zur Blütezeit, sondern wie bei *I. sibirica* mit einer goldgelben Herbstfärbung bis weit in den Herbst hinein. Die Straffheit der Iris kommt dann besonders zur Geltung, wenn die Staudennachbarinnen eher rundliche oder fein verzweigte Blätter und Blütenstände haben. So sind Schleierkraut, *Gypsophila*, und Beifuß, *Artemisia arborescens* 'Powis Castle' besonders schön zu *Iris*-Barbata-Elatior-Sorten. Eine der ungewöhnlichsten *Iris* ist die Bleiche Schwertlilie, *I. pallida* 'Variegata'. Bei ihr sind die Schwertblätter grafisch fächergleich geordnet und mit kräftigen weißen Blatträndern gezeichnet. Die außergewöhnliche Gestalt kommt durch kontrastierende Partner, wie Purpurglöckchen, *Heuchera* 'Rachel' besonders beeindruckend zur Geltung. In Gesellschaft von Katzenminze, *Nepeta* × *faassenii*, dem Blauen Lein, *Linum perenne*, fühlt sie sich ebenfalls wohl, wirkt jedoch ganz sanft.

Sedum – die behäbigen Ruhekissen

Ideal zur Kombination mit graulaubigen Stauden: hohe Fetthennen, *Sedum telephium*, und *S. spectabile*.

Damit das Auge des Betrachters eine Pflanzenkomposition nicht aus Langeweile oder Überreizung zu früh verlässt, muss es dort Haltepunkte finden. Die hochwüchsigen der rund fünfhundert Fetthenne-Arten, *Sedum*, stellen ein Sortenspektrum, das für eine solche Aufgabe geradezu prädestiniert ist. Mit ihren dick fleischigen Blättern und den flach liegenden Blütenscheiben können sie bei richtiger Anordnung eine Pflanzung regelrecht rhythmisieren. Dies funktioniert, wenn die umgebenden Partner nicht über die gleiche Behäbigkeit verfügen, sondern mit lockerem und zartem Wuchs aufwarten. Die Fetthenne bevorzugt sonnige und durchlässige bis trockene Standorte. Daher sind viele der möglichen Partner graulaubig oder wollig behaart, was *Sedum* richtig in Szene setzt. Derzeit ist *Sedum* 'Matrona' eine der bekanntesten Sorten. Sie wartet neben dem markanten Wuchs noch mit braunroter Laub- und Stängelfarbe auf. In einer graulaubigen Umgebung setzt sie so nicht nur Form- sondern auch Farbakzente. Die Züchtung rotlaubiger Fetthenne-Arten hat in letzter Zeit viele Sorten hervorgebracht, eine der besten ist 'Purple Emperor'.

Da die Fetthenne auch mit etwas nährstoffreicheren Standorten – also Beetstandorten – zurechtkommt, hat sie hier ihre bekannteren Auftritte. Die klassische *Sedum telephium* 'Herbstfreude', mit Herbst-Astern und Gräsern als Partner, kennen wir aus vielen Gärten und Anlagen. Auch bei dieser Kombination bildet die Fetthenne den behäbigen Ruhepol zwischen den filigranen Gräserblättern und den schaumigen Asternblüten. Weit weniger bekannt, aber nicht minder attraktiv ist *Sedum spectabile* mit seinen Sorten, wie der karminrosa 'Carmen' oder der weißen 'Iceberg'. Diese Art wirkt durch die größeren Blätter und Blütenscheiben noch stabiler als *S. telephium* und sollte eigentlich viel mehr verwendet werden. Sie kann auch mit opulenten Prachtstauden, wie Flammenblumen, *Phlox*, oder Indianernesseln, *Monarda*, kombiniert werden. Selbst wenn hier die Lebensbereiche der Staudenpartner nicht ganz harmonieren, der Charakter der Pflanzen lässt es zu.

Allium – Punkt für Punkt

Zierlauch bietet Kugeln am Stiel – von *Allium* 'Globemaster' bis zum Schwarzpurpurnen Lauch, *A. atropurpureum*.

Was wäre die Küche ohne die Gattung *Allium*! Mit runden, birnenförmigen, violetten oder weißen Küchenzwiebeln, *Allium cepa*, sorgt sie für Gaumenfreuden. Doch auch für den Garten bieten die 500–700, überwiegend in den regenarmen Gebieten der nördlichen Halbkugel verbreiteten Arten, ein wahres Fest für die Augen. Die verschiedenen Zierlauch-Arten und -Sorten sind aus einer vollendeten Staudenkomposition fast nicht mehr wegzudenken. Sie schweben wie Punkte zwischen und über ihren Begleitern und bilden, richtig gruppiert, kleine Akzente im Staudenbeet, leiten das Auge des Betrachters. Ihren natürlichen Standorten entsprechend, verlangen die meisten *Allium*-Arten auch im Garten Böden ohne Staunässe mit viel Sonne und alkalischen Bodenreaktionen. Doch darf man nicht den Fehler begehen, *Allium* aus diesem Grund ohne unmittelbare Nachbarn zu pflanzen, da sie die unschöne Eigenschaft haben, die Blätter teilweise schon vor dem Erblühen vergilben zu lassen. So lautet die Devise: mit treibenden und blühenden Stauden die Lauchblüten umschmeicheln und das braune Laub verstecken. Dabei sind Kombinationen unterschiedlicher Ausstrahlung möglich, denn das große Arten- und Sortenspektrum von *Allium* fügt sich in die unterschiedlichsten Charaktere von Pflanzungen ein. Da ist der nahezu aristokratisch wirkende weiße Zierlauch 'Mount Everest', der sich mit Gewöhnlichen Nachtviolen (Mondviolen), *Hesperis matronalis*, und panaschierten Gehölzen zu eleganten Bildern verwebt. Ganz anders *Allium* 'Globemaster' mit nahezu 25 cm dicken violetten Blütenbällen, die, zu massiv eingesetzt, fast kitschig wirken können. Ein reizvolles Spiel ergibt sich, wenn diese riesigen Bälle zu deutlich kleineren Lauchblüten, wie denen des Schwarzpurpurnen Lauchs, *Allium atropurpureum*, gesetzt werden. Und der Kugel-Lauch, *Allium sphaerocephalon*, schließlich, der purpurne wachteleiergroße Blüten auf rund einem Meter hohen Stängeln präsentiert, ist der ideale Partner für Pflanzungen mit natürlich anmutender Ausstrahlung. Zusammen mit lilarosa Schafgarben, *Achillea millefolium* 'Lilac Beauty', wirkt er recht harmonisch, mutiger dagegen mit *Achillea filipendulina* 'Terracotta'. Und wenn's „*Allium* extrakräftig" sein soll, dann kombinieren Sie einfach den violetten Iran-Lauch, *Allium aflatunense*, mit der Himalaja-Wolfsmilch, *Euphorbia griffithii* 'Fireglow'. Im Austrieb ist sie das reinste Feuerwerk, das dann von dem kräftigeren Orange der Hochblätter abgelöst wird.

Lilienblütige Tulpen – aristokratische Grazien

Unter der großen Vielfalt von Tulpen-Arten und -Sorten nehmen die Lilienblütigen Tulpen aufgrund ihrer überragenden Eleganz eine besondere Stellung ein. Sie zählen zu den später blühenden Tulpen-Sorten, sodass sie hervorragend mit treibenden und blühenden Stauden kombiniert werden können. Doch das ist nicht der Hauptgrund, sie häufiger zu verwenden. Vielmehr ist es ihre fast aristokratische Ausstrahlung, die von den länglichen, schlanken Blüten mit den schwungvoll nach außen gebogenen Blütenzipfeln herrührt – diese schweben auf 50–70 cm hohen Blütenstängeln.

Die Lilienblütigen Tulpen verfügen, im Gegensatz zu den sortenreichen Gruppen wie Darwin- oder Triumph-Tulpen, mit rund 15 Sorten über ein recht begrenztes Spektrum. Doch können Sie damit wunderschöne Frühjahrsbilder gestalten, da dennoch eine große Farbpalette für unterschiedliche Pflanzenthemen zur Verfügung stehen.

Eine der edelsten Sorten ist 'Elegant Lady'. Ein Hauch von Apricot und Rosa schwebt über den cremefarbenen Blüten. Sie lässt sich sehr schön mit den in den vergangenen Jahren neu auf Markt gekommenen – in Apricot und Kupfer changierenden – Stiefmütterchen kombinieren.

Besonders erhaben wirkt es, wenn Sie die weiß blühende Lilienblütige Tulpe 'White Triumphator' zu größer werdenden, graulaubigen Stauden, wie dem Echten Eibisch, *Althaea officinalis,* oder dem Beifuß, *Artemisia latiloba*, pflanzen.

Das glatte Gegenteil, ein nahezu schrilles Bild, ergibt sich aus der Kombination der kräftig orangefarbenen 'Ballerina' mit der tiefroten 'Burgundy' zur blühenden Mandel-Wolfsmilch, *Euphorbia amygdaloides* 'Purpurea'. Das Steinkraut, *Alyssum saxatile*, und der Gämswurz, *Doronicum*, ergänzen sich mit der Tulpe 'Westpoint' zu einer attraktiven Ton-in-Ton-Gestaltung in strahlendem Hellgelb.

Die Kombination von der Lilienblütigen Tulpen-Sorte 'Marietta' in Rosa mit hellrosa Rand zur mauve gefleckten Triumph-Tulpe 'Shirley' wirkt wie ein romantisch gepflanzter Blumenstrauß. Dazu zeigen sich rosa Gänseblümchen, *Bellis* 'Robella', und weißes Vergissmeinnicht, *Myosotis* 'Snowsylva '. Die derart gepflanzten Blumenbilder erfreuen ebenso als Blumenarrangement in der Vase.

Vornehm wirken Lilienblütige Tulpen im Frühjahr: 'White Triumphator' und die gelbe 'Westpoint'.

Eine innig verwobene Pflanzung sucht Halt und findet ihn in der Sommerzypresse, *Bassia scoparia*.

Sommerzypressen – kleine Architekten

Manch einer würde fast spöttisch sagen: „Na, das ist ja fast eine Zeigerpflanze der Autorin.“ Nicht zu Unrecht, ist doch die Sommerzypresse (früher *Kochia*, neuerdings *Bassia scoparia*) ein unverzichtbarer Bestandteil der Architektur eines Sommerblumenbeetes und erscheint daher in vielen Gestaltungen. Ganz egal, ob kleine Gartenecke oder große Pflanzfläche in einem Park, die mit den unendlich vielen feinen Blättchen wie ein überdimensionaler grüner Igel wirkende Pflanze sorgt stets für eine gute Raumgliederung. Das Erstaunliche ist, dass sie anders als Gräser, die ja ebenfalls sehr gut Beete rhythmisieren können, nicht mit ihrem Charakter an bestimmte Partnerpflanzen gebunden ist. So verlangt ein Chinaschilf, *Miscanthus*, meist eher sonnig-feurig wirkende Partner wie die Goldaster, *Chrysopsis villosa*, keinesfalls jedoch zart-romantische. Die Sommerzypresse hingegen können Sie mit Sonnenblumen und Dahlien genauso kombinieren wie mit Schleierkraut und Schmuckkörbchen oder Begonien und Funkien. Es tut niemals weh, und sie scheint sich in ihrer Ausstrahlung der Umgebung förmlich anzupassen. Diese Eigenschaft kann sonst nur Buchsbaum zugeschrieben werden.

In Regionen mit kühlen Sommern entwickelt sich die Sommerzypresse etwas zurückhaltender, wächst knapp 60 cm hoch und bleibt eher schlank. Dort, wo es richtig warm wird, wie im Rheintal oder in der Steiermark, Österreich, erreicht sie unter Umständen eine Höhe und auch Breite von über einem Meter. Sie können die Sommerzypresse streng in Reihen, in Blöcken oder einzeln – frei und formal – auf der Fläche verteilt pflanzen, sie wirkt in jeder Anordnung ansprechend. In einem grünen Garten ist aber die Verwendung der Sommerzypresse am interessantesten, weniger ist hier mehr. Denken Sie nur an die aufregende Wirkung der artenarmen Kombination aus *Bassia scoparia* und Fuchsschwanz, *Amaranthus* 'Pygmy Torch'. Auch ein Umfeld mit der wie Moos wirkenden *Pilea microphylla* oder rotlaubiger Iresine, *Iresine herbstii*, präsentiert die Sommerzypresse perfekt.

Dahlien – Plüsch für den Garten

Zusammen mit Stauden oder Sommerblumen sorgen Dahlien ab August für einen Blütenrausch.

Dahlien zählen neben Schwertlilien, Taglilien und Rosen zu den sortenreichsten Gattungen. So ist es nicht verwunderlich, dass die ursprünglich aus Südamerika kommenden Dahlien eine große Anhängerschar vereint.

Für den Garten haben Dahlien einen sehr hohen Wert, denn sie setzen ab dem späten Sommer kraftvolle Akzente mit großer Farb- und Formenvielfalt. Außer Blau sind nahezu alle Töne auch in zweifarbigen Blüten vertreten. Die fröhlichen Ball-Dahlien und Pompon-Dahlien ragen mit ihren rund 5–8 cm dicken Blütenkugeln munter durch andere Stauden und Sommerblumen hindurch. Besonders heiter wirkt es, wenn Sie die Ball-Dahlien mit ähnlich rundlichen Blüten kombinieren, wie Zinnien, *Zinnia elegans*, oder Sommerastern, *Callistephus chinensis*.

Die großblütigen Dekorativen Dahlien oder Kaktus-Dahlien sind dagegen so dominant, dass es vorteilhafter ist, sie mit kleinblütigeren Partnern zusammenzupflanzen. Ein sehr ansprechendes Bild entsteht aus der Kombination der kupferorangen Dekorativen Dahlie 'Ökonomierat Helfert' mit dem blassen Eisenkraut, *Verbena rigida* 'Polaris', und dem Mehligen Salbei, *Salvia farinacea* 'Gruppenblau', sowie Sommerzypressen, *Bassia scoparia*, als grünen Ruhepol.

Auch die zartgelbe Dekorative Dahlie 'Maja' und das feine Reiherfedergras, *Dasella tenuissima* (syn. *Stipa tenuissima)* 'Pferdeschweif', geben ein attraktives Pärchen ab.

Im Staudenbeet freuen sich Dahlien über zeitgleich blühende Stauden und Sommerblumen, so die rotviolett blühende Ball-Dahlie 'Franz Kafka' zur blassvioletten Frikart-Aster, *Aster frikartii* 'Wunder von Stäfa' und dem Eisenkraut, *Verbena rigida*, oder die tiefrote Einfach Blühende Dahlie 'Bishop of Llandaff' zu rot färbenden Gräsern, wie Ruten-Hirse, *Panicum virgatum* 'Hänse Herms', oder rotlaubigem Mangold, *Beta vulgaris* 'Vulkan'. Da aber Dahlien sehr kraftvoll wirken, sollten Sie sich bei der Pflanzung auf wenige Dahlien-Sorten beschränken. Dahlien benötigen beste Wuchsbedingungen und ausreichend Platz. Daher sollten Sie einer großen Dahlien-Sorte ein rund 50 × 50 × 50 cm großes Pflanzloch mit aufgedüngtem Gartenboden anbieten und sie erst nach den Eisheiligen pflanzen; dieser Pflanztermin gilt für alle Dahlien.

Eine Kombination aus Zierkohl und Buntnessel, *Solenostemon scuttelarioides* 'Pineapple'.

Gemüse – kunstvoll

Gemüse hat sich zu einer festen Größe im Stauden- und Sommerblumenbeet entwickelt und das erhältliche Sortiment wird immer umfangreicher. Diese Vielfalt schmackhafter und attraktiver Gemüsesorten bietet sich für die Gestaltung von annähernd künstlerischen Pflanzenbildern an.

Vom Mangold, *Beta vulgaris*, gibt es Sorten mit gelben oder roten Rippen und Adern. Im Gegenlicht der tief stehenden Sonne leuchten sie intensivst. Dazu können Sie Sommerblumen pflanzen, die im gleichen Farbklang blühen, wie beispielsweise die kirschrote kleinblütige Zinnie, *Zinnia* 'Profusion Cherry'. Im Gegenlicht zeichnen sich ebenfalls bizarre Details mit den Blattadern und Einzelblüten ab. Doch auch schlichte Pflanzen wie die Petersilie machen sich gut zwischen Sommerblumen und Stauden, sie bringen mit ihrem grünen Laub optische Ruhepole und je nach Sorte auch interessante Texturierungen. So banal es klingt, auch Salat passt hervorragend in diese Pflanzenbilder, vor allem die stark gekrausten Sorten *Lactuca sativa* var. *crispa* 'Lollo Rossa' und 'Lollo Bionda'. Zunächst wirkt er als grüner oder rotlaubiger optischer Ruhepol und wenn er geschossen ist, vermittelt er die vertikale Gliederung. In strengen Reihen übernimmt niedriger Zierkohl mit Sorten wie *Brassica oleracea* 'Kyoto Pink' die Aufgabe eines architektonischen Elementes in der Pflanzung. Diesen Effekt können Sie stärken, indem die Nachbarn durch ihr Blatt wirken, wie Buntnessel, *Solenostemon scutellarioides*, wenige Blüten haben und ebenfalls in strenger Anordnung gepflanzt sind. Die aufsehenserregendste Gemüsesorte für den Sommerflor dürfte jedoch die rotbraune Sorte des Grün-Kohls, *Brassica oleracea* 'Redbor', sein. Auf der Bundesgartenschau Magdeburg 1999 haben wir ihn erstmals in den Sommerflor eingebunden und die Besucher wurden magisch von dieser im Spätsommer gespenstisch aussehenden Pflanze angezogen. Sie lässt sich beispielsweise mit der rotlaubigen Federbusch-Celosie, *Celosia plumosa* 'New Look', zu artifiziellen Bildern verweben.

Zierkohl in Begleitung der zarten Blüten des Doppelhörnchens, *Diascia*, und der blassen Petunien.

Gemüse – romantisch

Wenn Gemüse in Pflanzungen eingebunden wird, dann denkt jeder zunächst an den klassischen Bauerngarten, in dem mit Fröhlichkeit und der entsprechenden Farbenfreude Stauden, Sommerblumen und Gemüse im selben Beet zu sehen sind. Doch Gemüse kann in Pflanzungen auch zart und romantisch wirken. Entscheidend ist, welche Partner dem Gemüse zur Seite gestellt werden.
Eine besonders beeindruckende Gemüsesorte für den Sommerflor ist die Artischocke, *Cynara cardunculus*. Mit ihren bogig ausladenden gezackten Blättern und den später aufstrebenden Fruchtständen stellt sie eine dominante Solitärpflanze dar. Sie wirkt besonders edel zu graulaubigen Partnern, wie beispielsweise Ruhrkraut, *Helichrysum petiolare* 'Goring Silver', oder Greiskraut, *Cineraria maritima*, letztere als fein laubige 'Silverdust' und mit kompakterem Laub der Sorte 'Fasolt'. Zusammen mit der Fülle kleiner Blütchen der in vielen Lachs- und Rosaschattierungen erhältlichen Doppelhörnchen, *Diascia elegans*, wird der sonst eher spröde Charakter der Artischocke weich gezeichnet. Magentafarbene Petunien und Dahlien tragen ebenfalls zu dieser Harmonisierung bei. Auch zu schlichten ganzrandigen Zierkohl-Sorten wie *Brassica oleracea* 'Pigeon White' ist das Doppelhörnchen der ideale Partner, wenn mit Gemüse romantische Bilder entstehen sollen. Zartblaue Petunien und Duftsteinrich, *Lobularia maritima*, runden diese Kombination ab.
Höher wachsende Gemüsesorten wie der Zierkohl 'Nero di Toscana' oder der grünlaubige Grün-Kohl 'Reflex' entwickeln sich zusammen mit Schmuckkörbchen, *Cosmos*, und Bechermalve, *Lavatera*, zum romantischen Gemüsepotpourri. Und Schnittlauch, *Allium schoenoprasum*, versprüht zur Blütezeit, wenn er locker zwischen Gemüse und Sommerblumen eingestreut wird, mit seinen rosa Blütenköpfchen Zartheit. Romantisch wirken auch die zarten Blütenwolken aus Schleierkraut, *Gypsophila paniculata* und Eisenkraut, *Verbena rigida*, und *V. rigida* 'Polars', die über den Gemüsearrangements dahinschweben.

Einjähriger Salbei – flirrend, aufgeregt

Der Mehlige Salbei, *Salvia farinacea* 'Viktoria', setzt unter Gräsern und Sommerblumen ruhige Akzente.

Nicht nur die bei uns in Mitteleuropa winterharten Salbei-Arten sind bemerkenswerte Stauden und Halbsträucher, auch die hier nicht frostfesten, am Naturstandort in Südamerika meist staudenähnlich oder halbstrauchgleich wachsende Arten bieten viele Vorzüge für eine gelungene Pflanzenkomposition. Der gestiegene Beliebtheitsgrad zeigt sich in der ständig wachsenden Arten- und Sortenvielfalt. Wurde in den 70er-Jahren die Sommerblume Salbei und der Feuer-Salbei, *Salvia splendens*, gleichgesetzt, der mit seinen klobigen, knallroten Blütenkerzen nahezu jede städtische Anlage durch sein massiertes Auftreten verunstaltete, so leuchten jedem versierten Gärtner beim Gedanken an Salbei heute die Augen.

Salbei bietet für unterschiedliche Pflanzenbilder geeignete Sorten. Eine impressionistisch anmutende Pflanzung aus hohem Leberbalsam, *Ageratum*-Sorten, und Doppelhörnchen, *Diascia*, kann mit den Sorten 'Coral Nymphe' und 'White Nymphe' des Scharlach-Salbeis, *Salvia coccinea*, ergänzt werden. Wobei ihm regelmäßig die abgeblühten Blütenstände ausgeknipst werden müssen.

Der Mehlige Salbei, *S. farinacea*, mit seinen blauen ('Gruppenblau'), blauweißen ('Strata') und weißen ('Porcelain') Sorten, bietet sich für eine elegante Gestaltung mit Sommerzypresse, *Bassia scoparia*, oder Kardinals-Lobelie, *Lobelia fulgens*, wie für die fröhliche Kombination mit gelben Studentenblumen, *Tagetes*, und Sonnenhut, *Rudbeckien*, gleichermaßen an. Sie hält anstandslos bis zum Frost durch, das schaffen auch die leider nur ganz selten erhältlichen Herbst-Salbei, *Salvia greggii*, *S. involucrata* und *S. uliginosa*. Alle können übrigens wunderbar im Kalthaus überwintert werden.

Nachdem die zuvor genannten Arten nicht die Blütenfülle wie die bezüchteten Formen tragen, sind sie für Pflanzungen mit wildnishaftem Charakter geeignet, aber auch, um in Staudenpflanzungen eingestreut zu werden. Den gegenteiligen Anblick bietet der vorhin schon erwähnte Feuer-Salbei, *Salvia splendens*, der neben den altbekannten roten Sorten wie 'Feuerzauber', für feurige Kompositionen mit ungewöhnlichen Farbklängen in Purpur, Lachs oder Schwarzviolett aufwartet. Sie sind hervorragend für skurrile Pflanzungen mit Rotbraunem Grün-Kohl, *Brassica oleracea* 'Redbor', geeignet. Die einjährigen Salbei-Arten und Sorten sind nicht besonders verbreitet, aber wann immer Sie welche angeboten bekommen, sollten Sie sich die Pflanzen kaufen und in Ihren Garten setzen.

Die roten Fackeln des Amaranth, kombiniert mit Blut-Weiderich, *Lythrum*, Duftnessel, *Agastache*, und Eisenkraut, *Verbena*.

Amaranthus – der originelle Leckerbissen

Mit Amaranth zu kochen ist „in". Und auch in der Gartenwelt hat sich diese Gattung in den letzten Jahren mit vielen neuen Sorten einen festen Platz erobert. Sie wirken allesamt mit ihren zierenden Fruchtkolben. Mal sind diese und die Blätter rot, mal grün, mal wächst die Pflanze 70 cm hoch (*Amaranthus* 'Rote Fackel') oder sie bleibt 20 cm klein (*A.* 'Pygmy Torch'). Mal stehen die Kolben wie bei den Sorten von *A. hypochondriacus* oder hängen wie bei den Sorten des Garten-Fuchsschwanz, *A. caudatus*. Seit wenigen Jahren schließlich haben sich Sorten mit bronzefarbenem Laub in den vielfältigen Reigen aus Formen und Farben gestellt. Der Fuchsschwanz, *Amaranthus*, mag sonnige und nährstoffreiche Standorte.

Traditionell wird vor allem der Fuchsschwanz mit den hängenden Kolben mit Bauerngärten in Verbindung gebracht, doch lassen sich mit dieser Gattung auch ungewöhnliche Pflanzenbilder zusammenstellen: Der aufrechte, grüne 'Pygmy Torch' kann wie ein kleiner Zuckerhut wirken. Die Sorte eignet sich, ob in bescheidenen oder großen Gruppen gepflanzt, zu einer Kombination mit kriechenden Sommerblumen, wie dem buntlaubigen Gundermann, *Glechoma hederacea* 'Variegata', oder vor höheren Schnee-auf-dem Berg-Wolfsmilch, *Euphorbia marginata* 'Eiszapfen'. Die hohen Sorten mit aufrechten Kolben, z. B. 'Dunkelrote Fackel', sind zur vertikalen Rhythmisierung einer Pflanzung wie geschaffen. Besonders reizvoll ist eine farbliche Abstimmung der Kolben mit den blühenden Partnern. Rote Kolben zu rosa Blut-Weiderich, *Lythrum salicaria*, oder bronzefarbene Kolben zu gelben Rudbeckien wirken sehr harmonisch. Der Kontrast roter Kolben zur weißen Duftnessel, *Agastache urticifolia*, ist hart, aber beeindruckend. Bei einer solch stark wirkenden Kombination kann nur ein weiterer Partner ausgewählt werden, der hier „mithalten" kann, wie etwa die Edel-Raute, *Artemisia ludoviciana* 'Silver Queen', oder eine purpurfarbene Dahlie.

Ein Höhepunkt im August ist die Blüte der Sommerastern, *Callistephus*.

Callistephus – die Pracht im August

Es lohnt sich, bereits im Frühjahr auf der Fensterbank Sommerastern, *Callistephus chinensis*, vorzuziehen. Nach den Eisheiligen können dann die kleinen, wie Salatpflänzchen aussehenden Sommerastern an den vorgesehenen Platz im Garten gesetzt werden. Die Sortenvielfalt ist sehr groß, sodass Sie die Sommerastern in ganz verschiedene Pflanzkompositionen einbinden können. Bekannt sind die Sommerastern seit langer Zeit aus den Bauerngärten, in Kombination mit Gemüse, Studentenblumen, Indianernesseln und Sonnenhut. Alle Sorten, egal ob großblumig, kleinblumig, niedrig, hoch, gefüllt, ungefüllt, mit Röhrenblüten oder flachen Blütenblättern passen aber auch ganz hervorragend zu ein- und mehrjährigen Gräsern, wie *Rhynchelytrum repens*. Zusammen mit einjährigem Schopf-Salbei, *Salvia viridis*, oder Duftnesseln, *Agastache*, können Sie naturhaft duftige Grüppchen in Ihrem Garten ansiedeln. Für diese natürlich wirkenden Kombinationen eignen sich besonders ungefüllte Sorten mit gelber Blütenscheibe wie die *C.*-Astoria-Hybriden.

Ganz anders die rund 60 cm hohen Harzastern, *C. chinensis* 'Harz-Aster', die mit gut 10 cm großen Blüten mit „krallenartigen" Blütenblättern in außergewöhnlichen Farben wie Lachs und Dunkelpurpur auftreten. Zusammen mit dunkellaubigen Sommerblumen eignen sie sich für extravagante Pflanzenbilder: Geeignete Partner sind die Schwarznessel, *Perilla frutescens*, oder der schon an anderer Stelle erwähnte rotbraunlaubige Grün-Kohl, *Brassica oleracea* 'Redbor'. Auch die Kombination mit Edel-Raute, *Artemisia ludoviciana* 'Silver Queen', und dunkellaubigem Fuchsschwanz, *Amaranthus*, versprüht Extravaganz.

Damit Sie an den Sommerastern ungetrübte Freude erleben und nicht über Monate nur die treibenden Blätter ansehen müssen, sollten Sie unbedingt auch einige früher blühende Partner, wie Spanisches Gänseblümchen, *Brachyscome*, oder Löwenmäulchen, *Antirrhinum*, pflanzen. Auch Blut-Weiderich, *Lythrum salicaria*, und Spornblume, *Centranthus ruber*, sind, wenngleich nicht ganz alltägliche, ansprechende Partner zu Sommerastern.

Gräser für Tutti und Soli

Ob zusammen mit Stauden oder Sommerblumen – Gräser prägen stets ihr Umfeld: Sie stärken und unterstützen den Charakter der Komposition wirkungsvoller als manch andere Pflanze. So wandelt eingestreute Mähnen-Gerste, *Hordeum jubatum* mit zarten Blütenschweifen eine ländlich wirkende Gruppierung aus Sommerastern, *Callistephus chinensis*, und Zinnien, *Zinnia elegans*, in eine naturhafte Pflanzung ab. Eine eher zurückhaltende Pflanzenkomposition mit graulaubigen Stauden, wie Wolligem Ziest, *Stachys lanata*, und Fetthenne, *Sedum spectabile* 'Stardust', verändert sich durch die Ergänzung mit dem breit ausladenden Blaustrahl-Wiesenhafer, *Helictotrichon sempervirens*, zu einer durchaus eleganten Gesamterscheinung. Damit die Gräser aber in einer Komposition so prägend wirken, müssen sie über ein hohes Maß an Durchhaltevermögen verfügen: Die gesamte Vegetationsperiode über zeigen Gräser unterschiedlich ansprechende Aspekte – angefangen bei den fröhlichen Blattschöpfen zur Zeit des Austriebes über die Frühsommerperiode, in der sie meist den kompletten Horst in der endgültigen Laubfarbe zeigen, bis hin zum Herbst, der sich bei vielen Arten durch ansprechend gefärbte Blütenstände und Blätter auszeichnet. Ein sehr beeindruckendes Gras ist im Herbst die Ruten-Hirse, *Panicum virgatum*.

Die Hauptqualität der Gräser ist ihre Fähigkeit, Räume zu bilden. Jeder Bepflanzungsstil benötigt stabile Hauptpflanzen, unabhängig davon, ob sie formal oder locker gestreut eingesetzt werden. Gräser leisten dies in allen Größenordnungen: der niedrige Blau-Schwingel, *Festuca glauca*, zusammen mit Edel-Raute, das bogog überhängende Diamantgras, *Stipa calamagrostis*, und das hoch wachsende Chinaschilf, *Miscanthus*, von dem Ernst Pagels ja so viele hervorragende Sorten ausgelesen hat. *Miscanthus* kann Pflanzungen aus Großstauden, wie Wasserdost, *Eupatorium*, Mädesüß, *Filipendula*, und Knöterich, *Aconogonon alpinum* (syn. *Polygonum polymorphum*), souverän gliedern.

Gräser dienen der Beetgliederung und begeistern bei niedrigem Sonnenstand durch glitzernde Lichtpunkte.

Die kugeligen Blüten der Zinnien und Sommerastern werden vom Salbei durchbrochen.

Zinnien – fröhlich bis zum Schluss

Haben Sie schon einmal Zinnien, *Zinnia,* beim Welken genau beobachtet? Sie glühen in verschiedenen Rost-, Braun- und Grautönen, verlieren dann langsam die Blütenblättchen, um schließlich mit fast schwarzen Köpfchen dazustehen, die im Spätherbst für Akzente im Blumenbeet sorgen.
Die Hauptblütezeit der Zinnien dauert von Juli bis August. Wenn Zinnien nach den Eisheiligen als junge Pflanzen in das Blumenbeet gepflanzt werden, wirken sie noch unscheinbar – klein gepflanzt bleiben sie dann allerdings auch länger vital. Außer in Blau gibt es Zinnien in nahezu allen Farben: von Weiß über Rosa und Lachs bis hin zu Orange, Rot und Gelb.
Die wichtigsten Zinnien für den Garten sind die *Zinnia-elegans*-Sorten, die allesamt 60–90 cm hoch wachsen sowie die kompakten, buschigen Sorten, wie 'Profusion Cherry', 'Profusion Orange' oder 'Star White', mit *Z.-angustifolia*-„Blut".
Die großen *Zinnia-elegans*-Sorten sind häufig gefüllt oder fast ballförmig und können gut in elegante Blumenbilder eingefügt werden. So lässt sich aus den zart lachsfarbenen Blütenbällen von 'Oklahoma Lachs' mit weißem Mehligen Salbei, *Salvia farinacea* 'Porcelain', und panaschierter Wolfsmilch, *Euphorbia marginata* 'Eiszapfen', ein ausgesprochen dezentes Pflanzenbild gestalten, das mit einigen Sommerzypressen abgerundet werden kann. Zu *Zinnia elegans* gehören 'Dahlienblütige Riesen'; mit ihren Purpur- und Rottönen bringen sie sehr intensive Farben, die bestens in kraftvolle Pflanzungen mit hohem Leberbalsam, *Ageratum houstonianum*, Duftnessel, *Agastache*, und Löwenmäulchen, *Antirrhinum*, eingebunden werden können. Und dann gibt es noch die grünen Zinnien, *Z. elegans* 'Envy', mit denen sich reizvolle Kombinationen zu lachs- und lavendelfarbenen Blumen anbieten.
Alle Zinnien-Arten sind durch ihren einfachen Blütenaufbau und der deutlichen Körbchenblüte für Kombinationen mit naturhaftem oder ländlichem Charakter geeignet. Gute Partner sind Gräser, Studentenblumen, *Tagetes*, und Eisenkraut, *Verbena rigida* und *V. bonariensis*. Die selten erhältliche *Zinnia peruviana* ist ebenfalls bestens für die natürlich anmutende Gestaltungen geeignet.

Farben

Harmonie, Disharmonie und andere Farbspiele

Symphonie in Kupfer, Orange und Lachs: Löwenmäulchen, Amaranth, Studentenblumen und Indisches Blumenrohr.

Nichts wird im Garten so subjektiv empfunden wie die Farbverwendung. Es gibt viele gute und weniger gute, theoretisch fundierte und praxisnah vereinfachte Bücher zu diesem Thema, sodass nicht eine weitere grundsätzliche Abhandlung über Farbe abgedruckt werden muss. Vielmehr lernen Sie hier meine persönliche Vorstellungen zum Thema Farbverwendung kennen.

Dem Betrachter fällt die Farbgestaltung eines Beetes meist auf, sie ist aber nur eine von vielen Schichten, die für eine gute Pflanzplanung notwendig sind. Die Farbgebung betrachte ich niemals losgelöst, sondern stelle sie in engen Zusammenhang mit dem Charakter der Pflanzung und dabei auch mit den jeweiligen Blütengrößen und Wuchsformen. So wirkt beispielsweise Gelb noch kraftvoller durch große Blüten, höher wachsende Pflanzen und die Größe der gepflanzten Gruppe. Die Zartheit von Rosa indes wird durch eine Fülle kleiner Blütchen verzweigter Pflanzen betont.

Eine Pflanzung sollte stets genau auf den Ort und dessen Aussage zugeschnitten sein. Daher kann es sein, dass dieselbe Farbkombination an anderer Stelle gänzlich anders empfunden wird. Sie werden in den folgenden Kapiteln erfahren, dass nicht nur eine harmonische Farbverwendung für mich eine große Rolle spielt, sondern auch außergewöhnliche Farbspiele, mit einer nicht zu übersehenden Tendenz zu sich reibenden Farben.

Ob Stauden oder Sommerblumen – ein grüner Garten lebt vom Spiel der Blatt- und Wuchsformen.

Grün

Trotz der Liebe zu schrillen Farbkombinationen bleibt meine Lieblingsfarbe Grün – das Grün der Blätter und Blüten.
Der grüne und grün blühende Garten lebt von den verschiedenen Helligkeitsstufen, angefangen beim zarten Lindgrün bis hin zu dunklem Tannengrün, viel mehr aber noch gewinnt das Farbspiel – ähnlich wie bei grauen Gärten – vom Miteinander und Gegeneinander der Wuchs-, Blatt- und Blütenformen.
Im Frühjahr können Sie im Garten mit der grünen Tulpe, *Tulipa viridiflora* 'Spring Green', ein echtes grünes „Highlight" erleben. Die leicht zipfelige, elegante Blütenform, die an Lilienblütige Tulpen erinnert, wird durch senkrecht verlaufende, zartgrüne, seitlich ins Weiß zerfließende Streifen betont. Die Dynamik von treibenden, schmalblättrigen Funkien, *Hosta* 'Lancifolia', oder Taglilien, *Hemerocallis*, finden sich auf diese Weise in der Tulpenblüte wieder. Doch auch zusammen mit einfachen, kleinblütigen weißen Stiefmütterchen, *Viola cornuta* 'Rocky White', ziehen die grünen Tulpen die Blicke auf sich.
Kleine, rundliche Blätter mit grüngelber Panaschierung, wie die vom Ruhrkraut, *Helichrysum petiolare* 'Rondello', sehen reizvoll zu grünlich gelben Petunien aus, *Petunia* 'Prism Sunshine'. Ebenso ist das Hasenohr, *Bupleurum rotundifolium*, mit den zarten gelblich grünen, in Dolden angeordneten Hochblättern ein ansprechender Partner zur Muschelblume, *Molucella laevis*.
Grün blühende Pflanzen können in Verbindung mit anderen Farben eine nahezu mystische Stimmung erzeugen. An vorderster Stelle steht hier die Kombination mit nicht zu dunklem Violett. So bringen violette Sommerastern, *Callistephus chinensis*, das Grün der Zinnie, *Zinnia elegans* 'Envy', richtig zum Leuchten.
Ebenso reizvoll ist es, mit einem grünen Teppich aus panaschiertem Gundermann, *Glechoma hederacea* 'Variegata', kleine Besonderheiten, wie die Wolfsmilch *Euphorbia marginata* 'Eiszapfen' sowie hängenden und stehenden Fuchsschwanz, *Amaranthus*, zu präsentieren.

Weiß

Weiße Pflanzungen strahlen Eleganz aus, hier Ziertabak, *Nicotiana*, und silberlaubiger Rainfarn.

Kaum eine Farbe versprüht so viel Eleganz wie Weiß. Dabei nehmen wir diese Farbe nicht für sich allein gestellt wahr: In Verbindung mit dem Grün oder manchmal auch Grau des Laubes empfinden wir sie in allen Situationen als stilvoll. Zudem beeinflusst Weiß wie kaum eine andere Farbe die Wirkung der mit ihr kombinierten Pflanzen: Gelb alleine gepflanzt dominiert – Gelb mit Weiß kombiniert ruft einen dezenten Farbton hervor.

Die zurückhaltende Wirkung von Weiß ermöglicht, in größeren Mengen große weiße Blüten einzusetzen, ohne dabei aufdringlich zu wirken. Weiße Flammenblumen, *Phlox*, weiße Dahlien, weiße Schmuckkörbchen, *Cosmos*, oder Bechermalven, *Lavatera*, zählen ebenso dazu, wie die Japan-Anemone, *Anemone japonica* 'Whirlwind', oder weiße Wald-Glockenblumen, *Campanula latifolia* var. *macrantha* 'Alba'.

Doch sollten Sie trotz der idealen Voraussetzungen großer, weißer Blüten auch auf ein ausgewogenes Verhältnis der Blütengrößen und Wuchsformen achten und die eine oder andere locker schaumig wachsende Staude dazu gruppieren. Im Schatten kann dies mit der Prachtspiere, *Astilbe japonica* 'Deutschland', oder dem Zwerg-Geißbart, *Arunucus aethusifolius*, geschehen. In der Sonne leistet die weiße Spornblume, *Centranthus ruber* 'Albus', diesen Beitrag sowie Schleierkraut, *Gypsophila paniculata* 'Bristol Fairy'. Auch die vielzähligen kleinen Blütenkerzchen von Steppen-Salbei, *Salvia nemorosa* 'Adrian', oder Ehrenpreis, *Pseudolysimachion longifolia* 'Alba', sind geeignete Partner zu weißen, opulenten Blüten.

Der Standort einer weißen Pflanzung sollte gut überlegt sein. Sie benötigt einen dunklen Hintergrund, wie eine Eiben- oder Buchshecke, um gut zur Geltung zu kommen und hat eigentlich keine Fernwirkung. So empfiehlt sich für eine weiße Pflanzung ein Platz in Terrassennähe. Dort können Sie dann im Dämmerlicht in den Genuss des „Nachtleuchtens" der weißen Blüten kommen.

Gelb

Die Farbe Gelb erfreut sich nicht gerade großer Beliebtheit. Nur wenige nennen sie als ihre Lieblingsfarbe. Gelbe Kleidung ist ebenso schwierig kombinierbar wie gelbe Möbel in der Wohnung ertragbar sind. In den Garten bringt Gelb jedoch ein Gefühl größter Lebensfreude. Hinzu kommt, viele der gelben Stauden und Sommerblumen sind Asterngewächse – die mit den so fröhlich wirkenden Körbchenblüten. Eine große Anzahl dieser gelben Stauden und Sommerblumen tragen sowohl in ihrem wissenschaftlichen wie auch im deutschen Namen die Sonne: Sonnenauge, *Heliopsis*, Sonnenbraut, *Helenium*, Sonnenblume, *Helianthus*. Diese „Heli-Blumen", von griech. Helios, die Sonne, bringen viel Sonne in unsere Gärten.

Gelb besitzt eine enorme Fernwirkung und kann für repräsentative Gestaltungen und großräumige Situationen gut eingesetzt werden. Allerdings ändert sich durch die Farbigkeit der Partner der Charakter von Gelb: Zusammen mit Blau entsteht eine der ausgewogensten und bodenständigsten Kombinationen. Elegant und fast schwebend dagegen wirkt Gelb zusammen mit graulaubigen Stauden, besonders dann, wenn das Gelb heller gewählt ist. Ein schönes Beispiel bietet die Partnerschaft von Sonnenblume, *Helianthus microcephalus* 'Lemon Queen', und Edel-Raute, *Artemisia ludoviciana* 'Silver Queen'. Setzen Sie dagegen Orange- oder gar Brauntöne zu gelben Stauden und Sommerblumen, so kann es richtig feurig werden. Studentenblumen, *Tagetes*, kleinblütige Zinnien, *Zinnia angustifolia*, und Mittagsgold, *Gazania*, bringen ein Pflanzenbild zum Glühen.

Vor allem im Frühjahr, wenn wir nach dem langen Winter ausgehungert nach Farbe sind, erscheint die Wirkung gelber Blumen als besonders wohltuend. So wundert es nicht, dass Forsythien, gelbe Krokusse und gelbe Tulpen dann eine vorrangige Stellung einnehmen. Im Juni hingegen, zur ersten großen Rosenblüte, wird Gelb oft als zu aufdringlich empfunden. In diesem Abschnitt des Gartenjahres, in dem bereits alles üppig getrieben hat und sehr viele Stauden blühen, werden die sanften Klänge von Rosa und Lila bevorzugt. Im Spätsommer aber, wenn die Natur bereits wieder den nahenden Herbst ankündigt, verleiht Gelb dem Garten nochmals Fröhlichkeit – ein Kontrast zu den welkenden Blättern.

Blüten in Körbchenformen unterstützen die heitere Wirkung gelber Stauden und Sommerblumen.

Kupfer und Bronze

Der Umgang mit den Grundfarben des Farbkreises, deren Mischfarben und den durch Abmischung mit Weiß entstehenden Pastelltönen ist mehr oder weniger vertraut. Farbtöne wie Bronze und Kupfer sind in diesem Farbsystem nicht enthalten, aber sie können mit diesen Farben überraschende Pflanzenbilder kreieren. Ein umfangreiches und interessantes Sortiment steht Ihnen hierfür zur Verfügung.

Besonders attraktiv ist das kupferfarbene Löwenmäulchen, *Antirrhinum* 'Rocket Bronze'. Es changiert an den Einzelblüten von Creme über Orange bis hin zu Kupfer – auch seine Laubunterseite ist nicht grün, sondern kupferfarben. Die Blüten passen hervorragend zu violettem Eisenkraut, *Verbena rigida*. Noch spannender aber sind Kombinationen mit Weinrot (*Lobelia fulgens* 'Fan Tiefrot'), Magenta (*Zinnia elegans* 'Lilliput Purpurlila'), Orchidrosa (*Lobelia fulgens* 'Fan Orchidrosa') oder Lachs (*Zinnia elegans* 'Oklahoma Lachs'). Diese Töne liegen auf dem Farbkreis weder gegenüber (Komplementärkontrast) noch nebeneinander (Ton-in-Ton) und sorgen so für reibungsvolle Farbpaarungen mit Kupfer.

Auch die Amaranthus-Sorte *Amaranthus hypochondriacus* 'Siena' oder die Buntnessel *Solenostemon scutellarioides* 'Wizard Sunset Orange' und die Schafgarben-Sorten, wie *Achillea-filipendulina*-Hybride 'Feuerland' sowie *Achillea millefolium* 'Walter Funcke', schwingen ebenso kräftig in den Kupferton mit hinein. Ein fast dissonantes, aber höchst attraktives Bild entsteht mit der *Achillea-filipendulina* Hybride 'Terracotta' zum Storchschnabel, *Geranicum* 'Sirak' (Gracile-Gruppe), und dem Wolligen Ziest, *Stachys lanata* 'Silver Carpet'. Bei diesen außergewöhnlichen Schafgarben sollten Sie nicht nur über die Kombination mit anderen Stauden nachdenken, sondern sie vor eine Ziegelmauer setzen. Es entsteht neben dem Farbenspiel eine faszinierende Korrespondenz zwischen den horizontal ausgerichteten Blütenscheiben und dem Fugenverlauf der Mauer.

Die Verwendung der Farbe Kupfer ist nichts für eine auf Harmonie ausgerichtete Gestaltung, wohl aber für einen Garten, der kleine Spitzfindigkeiten verträgt.

Die Lilienblütige Tulpe 'Ballerina' und die Triumph-Tulpe 'Abu Hassan' lassen das Beet leuchten.

Rot

Rot ist eine außergewöhnliche Farbe. Insekten, die Blütenpflanzen bestäuben, können kein Rot wahrnehmen, daher gibt es kaum rote heimische Wildstauden. Zudem war es bis zur Erfindung chemischer Farbstoffe sehr aufwändig, roten Farbstoff herzustellen. Massen von Purpurschnecken oder Cochenilleläusen mussten verarbeitet werden, um nur geringe Mengen des begehrten Farbmittels zu erhalten. Daher war es bis ins 16. Jahrhundert nur dem Adel vorbehalten, rote Kleidung zu tragen. Und Rot ist die Farbe der Liebe. Die Farbe weckte also schon immer Begehren und viele Gartenfreunde brennen darauf, rote Stauden und Sommerblumen in ihrem Garten zu verwenden. Und dies, obwohl Rot nicht über die vermutete Fernwirkung verfügt und somit eine rein rotfarbige Pflanzung kaum für große Rabatten mit langer Blickdistanz geeignet ist.

Zusammen mit Weiß erhält Rot eine hohe Signalwirkung – ein Effekt, der bei Verkehrsschildern genutzt wird. Auch im Beet ist dies ein unverfänglicher Weg, die schwierige Farbe zu kombinieren. Viele Beispiele lassen sich hierfür finden: Weiße Rosen zu roten Rosen, Türken-Mohn, *Papaver orientale*, zu Pfirsichblättriger Glockenblume, *Campanula persicifolia*, oder rote Zinnien, *Zinnia elegans*, zu weißem Mehligen Salbei, *Salvia farinacea* 'Porcelain'. Die Zusammenstellung von Rot mit Gelb kann hingegen schnell derb wirken.

Weit delikater sind Kombinationen von kaltem Rot zu warmem Rot oder zu knapp daneben liegenden Tönen wie Braun, Orange oder Violett. Allerdings sind solche ungewöhnlichen Farbklänge eher für die Betrachtung aus der Nähe geeignet, weil sich auch in diesen Farbkombinationen keine Fernwirkung einstellt. Auch die berühmte „Rote Rabatte" von Hidcote Manor schmiegt sich dicht an den Rasenweg.

Bei komplizierteren Kombinationen in Rot ist es hilfreich, die Artenvielfalt klein zu halten und für ein ausreichendes Maß großlaubiger, beruhigend wirkender Pflanzen zu sorgen. Das Indische Blumenrohr, *Canna indica*, können Sie dabei sowohl grünlaubig als auch braunlaubig gut zu roten Begonien, Bartfaden, *Penstemon*, und Zigarrenblümchen, *Cuphea ignaea*, sowie der braunlaubigen Dahlie 'Bishop of Landaff' setzen.

Auch braunes Laub ist besonders geeignet, um zwischen verschiedenen Rottönen zu vermitteln. Pflanzen sie einen braunlaubigen Perückenstrauch, *Cotinus coggygria* 'Royal Purple', in den Hintergrund, so können Sie davor problemlos, aber mutig, warmrote Taglilien, *Hemerocallis* 'Crimson Pirate', mit kaltroten Indianernesseln, *Monarda*-Hybride 'Kardinal', setzen.

Eine so schwierige Farbe wie Rot benötigt ein ausgeklügeltes Spiel der Formen, um nicht „abzusumpfen".

Romantisches Rosa

Einen in Rosa gehaltenen Garten verbindet ein jeder sofort mit romantischem und verspielten Flair. Einen formalen, großflächig und plakativ angelegten Garten mag sich dabei niemand so recht vorstellen – es sei denn, in kräftigem Pink. Der Grund hierfür liegt sicherlich mit in der Geschichte der Verwendung dieser Farbe begründet. Babykleidung wurde selbst für Buben bis weit ins 19. Jahrhundert aus rosa Stoffen genäht und Madame Pompadours altroséfarbene Seidenträume können durchaus als verspielt-verführerisches, aber machtvoll überzeugendes Modevorbild für Frauen des 18. Jahrhunderts gegolten haben.

Das angebotene Pflanzensortiment unterstützt eine solche romantische Stimmung: Hunderte rosafarbene Rosensorten, von einfach blühenden Wildrosen bis hin zu dicht gefüllten und zart duftenden historischen Rosen, vermitteln dies. Doch auch Flammenblumen, *Phlox*, Spornblume, *Centranthus*, Schleierkraut, *Gypsophila*, und manche Storchschnabel-Sorte (wie *Geranium sanguineum* 'Apfelblüte' oder *G. cinereum* 'Ballerina') gehören zu den Stauden mit einer gewissen romantischen Ausstrahlung. Damit der verspielte Charakter von der ganzen Pflanzenkomposition ausgeht, sollten die Pflanzen innig verwoben im Beet stehen, ohne allzu große Massierung einzelner Protagonisten. Das ist natürlich auch von der Größe des Gartens abhängig. Stehen nur wenige Quadratmeter zur Verfügung, dann reichen schon geringe Stückzahlen der Einzelsorten aus. In einer großen Rabatte mit 30 oder 40 m Länge sind indes Gruppen von 20 oder 30 Stück einer Sorte durchaus nicht unattraktiv, wenn sie spannungsvoll gruppiert sind. Egal, ob der Garten groß oder klein ist, eine zarte Wirkung von Rosa entsteht dann, wenn sich kleinere Blüten um größere Blüten gruppieren.

Aber Rosa kann auch eine starke Dominanz zeigen. Dann nämlich, wenn nicht nur kräftige Rosa Farbtöne, wie beispielsweise vom Armenischen Storchschnabel, *Geranium psilostemon*, eingebunden sind, sondern wenn Pflanzen ausgewählt wurden, deren Blüten so dicht stehen, dass fast kein Laub mehr zu sehen ist – wie bei manchen Fleißigen Lieschen, *Impatiens walleriana*. Kräftige Pinktöne plakativ zu pflanzen ist sehr verlockend und lädt zum Spiel mit diesen Farben ein, raubt aber die Romantik.

Feine Blüten wie die der Bergminze, *Calamintha nepeta*, steigern die romantische Wirkung von Rosa.

Lila oder Violett

Bei der Zusammenstellung einer Pflanzkomposition ist die Farbe Lila und ihre abgeschwächten Verwandten Mauve und Lavendel fast nicht zu ignorieren: Zum einen geht sie mit allen weiteren Farben eine harmonische Verbindung ein – außer zum reinen Blau – und zum anderen ist sie in einem enorm breiten Pflanzenspektrum vertreten. Dabei wirkt sie dezent und zurückhaltend, aber auch traurig, wenn sie zu massiert eingesetzt wird. Da die Farbe in ihrer dunklen Ausprägung eine gewisse Schwere vermittelt, sollten Sie diesem Effekt bei einer Pflanzenkomposition durch gezielte Formenwahl entgegenwirken. Die wuscheligen Blütenköpfe vom Helmkraut, *Scuttelaria incana*, und auch die enorme Fülle der Blütenkerzen des violetten Steppen-Salbeis, *Salvia nemorosa* 'Caradonna' oder 'Ostfriesland', bringen eine Leichtigkeit in violette Pflanzungen. Eine tiefer violette Phlox-Sorte wie 'Le Mahdi' sorgt mit den opulenten Blütenkuppeln für wuchtige Akzente. In Kombination mit der zartlavendelfarbenen Katzenminze, *Nepeta* × *faassenii* 'Six Hills Giant', und der duftigen Sommer-Aster, *Aster pyrenaeus* 'Lutetia', erhält das Pflanzenbild dann aber eine wohltuende Leichtigkeit.

Im Herbst ist uns Lila in seinen Nuancen durch die Vielzahl der Aster-Sorten besonders vertraut. Dabei bietet die über 1,50 m hohe Raublatt-Aster, *Aster novae-angliae* 'Violetta', und die nur 50 cm hohe *Aster novae-angliae* 'Purple Dome' ganz besonders tiefe Färbungen. In Verbindung mit den heiteren Blütenwolken der Myrten-Aster, *Aster ericoides* 'Erlkönig', und der wilden Zwerg-Aster, *Aster sedifolius* 'Nanus', können Sie den etwas strengen Anblick ein wenig abschwächen.

Im Frühjahr dominieren violette Blüten bei den kleinwüchsigen Stauden. An vorderster Stelle stehen dabei die Veilchen, *Viola*, deren Name sich von der Farbe ableitet. Sie sind als Stauden – *V. sororia, V. odorata, V. cornuta* – oder Winterannuelle, *V.* × *wittrockiana*, und deren Hybriden in unglaublicher Sortenvielfalt erhältlich. Höherwüchsige violette Blumen wie beispielsweise Tulpen erscheinen im Frühjahr eher außergewöhnlich. Doch können Sie mit ihnen ganz besondere Blumenbilder gestalten. Fast mystisch wirkt der Dreiklang der Tulpen aus Einfacher, Spät Blühender 'Recreado', der Triumph-Tulpe 'Attila' und der Gefransten Tulpe 'Blue Heron' zwischen frisch treibenden Stauden. Eine subtilere Ausstrahlung hat die Pflanzung, wenn die Stauden graulaubig sind oder mit ins Lavendel changierenden Veilchen-Sorten unterpflanzt wurden.

Lila wirkt bei Tulpen ungewöhnlich: hier bei der Gefransten 'Blue Heron' und der Triumph-Tulpe 'Negrita'.

Warum Blau?

Die Farbe Blau – gemeint ist reines Kobaltblau in helleren oder dunkleren Varianten, nicht das Violettblau – rangiert auf der Beliebtheitsskala ganz oben. Das gilt sowohl im Alltagsleben als auch im Garten. Und für die Gestaltung im Garten ist Blau ausgesprochen vielfältig einsetzbar. Es passt zu nahezu allen anderen Farben und wird auch dann stets als angenehm empfunden, wenn es monochrom verwendet wird. Daher ist es nicht verwunderlich, dass viele Gartenbesitzer den Wunsch nach einem blauen Garten haben.

Doch leider haben fast alle blauen Stauden oder Sommerblumen irgendeinen Nachteil – sei es Kurzlebigkeit oder ihre besonderen Ansprüche. Das allerschönste Blau zeigt der Scheinmohn, *Meconopsis betonicifolia*. Er mag aber nur auf saurem, humosem Boden gedeihen. Rittersporn *Delphinium*, präsentiert sich mit einer besonders großen Vielfalt beeindruckender blauer Sorten, doch sind hier beste Gartenböden und viel Platz gefragt. Um die Pracht langfristig zu erleben, sollten Sie ihn dazu alle 3–4 Jahre teilen. Zudem müssen Sie in Kauf nehmen, dass er nach der Blüte eine große Lücke im Beet hinterlässt, denn er fällt dann förmlich in sich zusammen. Aber durch einen Rückschnitt kann er zu nochmaliger Blüte angeregt werden.

Die blauen Sommerblumen sind auch nicht viel einfacher in der Handhabung. Männertreu, *Lobelia erinus*, ist alles andere als treu und verabschiedet sich oft schon nach ein paar Wochen aus dem Gartenbeet. Der Abstehende Salbei, *Salvia patens*, kommt erst recht spät zur Blüte und dies nicht gerade mit opulenter Blütenfülle.

Und dennoch fasziniert dieses Blau so ungemein – bei fahlem Licht liegt eine nahezu mystische Wirkung in der Farbe und deutet einen schwebenden, in die Ferne weisenden Charakter an. Betrachten Sie Werke der Landschaftsmalerei, so werden Sie feststellen, dass die Horizonte durch das Blau in der Ferne entschwinden. Nutzen Sie diese Wirkung für den Garten und platzieren Sie blaue Stauden in Sichtweite zur Terrasse, sodass Sie das mystische Schimmern in der Dämmerung genießen können.

Mit Blau können nur wenige Pflanzen wie die Ochsenzunge, *Anchusa*, im Garten aufwarten. Fischfiguren von Frauke Güntzel, Trier.

Schwarz & Weiß

Die Vielzahl der in den vergangenen Jahren neu erhältlichen oder neu gezüchteten dunkellaubigen Stauden lädt förmlich dazu ein, den reduziertesten aller Farbklänge, Schwarz-Weiß, in Pflanzenbilder umzusetzen. Dieser extreme Kontrast wird in der Pflanzenwelt nicht erwartet – um so verführerischer ist der Umgang mit ihm. Einige Stauden tragen diesen Kontrast in sich: Allen voran der Dost, *Ageratina altissima* 'Chocolate' (syn. *Eupatorium rugosum* 'Chocolate'), der mit cremeweißen großen Blütenscheiben zu braunrotem Laub aufwartet. Ganz anders gibt sich die Waagrechte Herbst-Aster, *Aster lateriflorus* var. *horizontalis* 'Lady in Black'. Sie entwickelt im Laufe des Sommers eine stabile Figur mit schirmartig überhängenden Zweigen, auf denen unzählige kleine weiße Blütchen aufgereiht sind. Zu diesen beiden können Sie einen Tuff des weiß blühenden Roten Sonnenhutes, *Echinacea purpurea* 'Alba', sowie einige, etwas wuchernde, aber im Spätsommer dankbar blühende Exemplare des weißen Kerzen-Knöterichs, *Bistorta amplexicaulis* 'Album' (syn. *Polygonum amplexicaule* 'Album'), pflanzen.
Der Schwarz-Weiß-Effekt lässt sich noch steigern, wenn Sie weiß blühende, graulaubige Stauden mit dunkellaubigen kombinieren. Die graulaubige, weiß blühende, rund 15 cm hohe Silber-Schafgarbe, *Achillea ageratifolia*, ist ein feiner Partner zum braunrotlaubigen Günsel, *Ajuga reptans* 'Atropurpurea', oder dem dunkellaubigen Breit-Wegerich, *Plantago major* 'Atropurpurea'. Der Rotbraune Grün-Kohl, *Brassica oleracea* 'Redbor', passt hervorragend zur weißen Duftnessel, *Agastache urticifolia*, und der Edel-Raute, *Artemisia ludoviciana* 'Silver Quen'.
Besonders originell ist der Schwarz-Weiß-Effekt übrigens, wenn Sie dieselbe Art in schwarzer und weißer Sorte miteinander kombinieren, wie beispielsweise den Braunen Storchschnabel, *Geranium phaeum*, mit der weißen Sorte *G. phaeum* 'Album' oder die schwarze Gefüllte Späte Tulpe 'Black Hero' mit der weißen Gefüllten Späten Tulpe 'Mount Tacoma'. Dieses Farbenspiel ist sicher nichts für den gewöhnlichen Garten, wohl aber für eine exponierte Situation wie beispielsweise einen ausgefallenen Eingang. Natürlich sind schwarze Pflanzen nicht mit der Intensität von Druckerschwärze zu vergleichen, vielmehr ist es ein tiefes Braun oder Violett, das als Schwarz bezeichnet wird.

Schwarz-weiß – ein seltener Kontrast im Garten: ausgewachsener Salat, Edel-Raute und schwarzlaubiger Grün-Kohl.

Lachsfarbene Züchtungen mutig kombiniert: Schafgarbe, *Achillea* 'Lachsschönheit', *Zinnie* 'Oklahoma Lachs'.

Lila-Lachs – die neue Harmonie

Mittlerweile ist diese Kombination in den Reigen der als harmonisch empfundenen Farbzusammenstellungen aufgestiegen. Das war aber nicht immer so: Bei einer 1996 vorgestellten Pflanzung im Schlosspark in Lichtenstein (Sachsen) gingen dazu die Meinungen noch weit auseinander. Wohl auch, weil in England diese Farbkombination Einzug hält, ist inzwischen ihre Akzeptanz in Deutschland gestiegen. Das Farbenpaar erinnert an die beliebten Rosa-Lila-Kombination und lässt sich durch eine große Vielfalt lachsfarbener Blumen heute einfacher realisieren.

Lachs ist eine Farbe, die wunderbar zwischen kalten und warmen Farbtönen vermittelt und gleichzeitig leichte Dissonanzen erzeugt. Dies liegt am Anteil gelber (warmer) Farbpigmente zwischen den roten und blauen (kalten) Farbpigmenten. Das Nebeneinander von Harmonie und Disharmonie lässt also die Lachs-Lila-Kombination so „delikat" erscheinen.

Zur lachsfarben blühenden Rose 'Abraham D' Arby' passt in diesem Farbenklang die Riesen-Glockenblume, *Campanula lactiflora* 'Prichard'. Und im Herbst lassen sich zur Nachblüte lachsfarbener Rosen zart lilafarbene Astern, wie *Aster pyrenaeus* 'Lutetia' oder *Aster ericoides* 'Erlkönig' kombinieren. Besonders schöne Lila-Lachs-Kombinationen können Sie mit Tulpen, wie der einfachen, frühen 'Apricot Beauty' und der Triumph-Tulpe 'Arabian Mystery' pflanzen. Bei den Sommerblumen ist eine Kombination aus lachsfarbenen Pompon-Zinnien wie der *Zinnia elegans* 'Oklahoma Lachs' und zartvioletten Sommerastern wie *Callistephus chinensis* 'Astoria Hellblau' ausgesprochen attraktiv. Mit den kugeligen Blütenformen der verwendeten Pflanzen können Sie verspielt die beiden disharmonierenden Farben wirken lassen.

Farben der Dämmerung: Mauve der Petunien und Grün des Ruhrkrauts, *Helichrysum*, und der *Zinnia* 'Envy'.

Farben der Dämmerung

Kurz vor und nach Sonnenuntergang stellt sich je nach Jahreszeit eine ganz bestimmte Stimmung ein. Im Winter wird sie die „Blaue Stunde" genannt. Max Ernst hat sie in seinem berühmten, so betiteltem Gemälde verewigt. Auch zu anderen Jahreszeiten hat der Übergang von Tag und Nacht ein eigenwilliges, diffuses, auf außergewöhnliche Art intensives Licht. Die Kombination von Lavendel zu Chromoxidgelb oder Gelbgrün scheint dieses eigenwillige Farblicht besonders gut widerzuspiegeln. Die Beimengung von Grau rundet das Bild ab.
Für diese Farbzusammenstellung bieten sich viele Pflanzenkombinationen an, Sommerblumen sind daran häufiger beteiligt als Stauden.

Grüne Zinnien, *Zinnia elegans* 'Envy', zu lavendelfarbenem Eisenkraut, *Verbena rigida* 'Polaris', können diesen Farbklang sehr eindrucksvoll wiedergeben. Dazu gesellen sich einige lavendelfarbene Blütenschalen der Atlasblume, *Godetia* 'Grace Lavendel', sowie der grün blühende Ziertabak, *Nicotiana langsdorffii*, im Hintergrund und das grüngelbe Ruhrkraut, *Helichrysum petiolare* 'Lime Light', als Randbepflanzung. Alle Farben dieser Kombination wirken einzeln verwendet eher zurückhaltend, bringen sich jedoch gegenseitig zum Leuchten.
Bei den Stauden kann die Dämmerungsstimmung durch die vielerorts beliebte Kombination von grünlich gelb blühendem Frauenmantel, *Alchemilla epipsila*, und der lilablauen Katzenminze, *Nepeta* × *faassenii*, erreicht werden. Dazu können Sie die Weinraute, *Ruta graveolens*, setzen. Damit nicht nur feine Blüten und Blätter das Bild prägen, empfehlen sich als Ergänzung grünlich blühende Taglilien, *Hemerocallis*, wie die Sorte 'Corky' oder 'Green Flutter'. Auch Cremeweiß und dezentes Mauve (*Petunia* 'Blue Vein') können diesen Farbklang unterstützen. Sollte Ihnen diese reduzierte Farbgebung zu zurückhaltend erscheinen, so setzten Sie ganz mutig ein paar kleine Akzente in Orange oder Dunkelrot aus Dahlien oder Zinnien.

Die Spornblume, *Centranthus ruber* 'Coccineus', farbig angelehnt an den Steppen-Salbei, *Salvia nemorosa* 'Wesuwe' und den Dost, *Origanum* 'Herrenhausen'.

Ton-in-Ton, harmonisch

Auf der Suche nach harmonischen Farbspielen empfehlen sich besonders die Ton-in-Ton-Kombinationen. Sie entstehen aus nebeneinander liegenden Farbtönen des Farbkreises sowie durch Kombination mit den dazugehörenden Pastelltönen. Sie wirken immer harmonisch, denn hier stören weder harte Kontraste, noch unglücklich kombinierte Farben. Wenn Sie Ausgewogenheit für Ihre Pflanzung suchen, liegen Sie mit Ton-in-Ton-Harmonien genau richtig.

Die romantischste Variante ist dabei das Zusammenspiel von Rosa und Lila, aufgelockert mit etwas Weiß. Besonders ansprechend ist im Frühsommer eine Kombination von rosa Pfingstrosen, *Paeonia-Lactiflora*-Sorten wie 'Sarah Bernhardt' oder 'Albert Crousse', und mit Storchschnabel, *Geranium × magnificum* 'Rosemoor'. Beide zeigen rundliche Blüten unterschiedlicher Größe. Dazu gefallen die zarten Blütenrispen des purpurfarbenen Ziest, *Stachys monnierii* 'Hummelo' und 'Rosea'. Im Spätherbst wird die gut 120 cm hohe Raublatt-Aster, *Aster novae-angliae* 'Rosa Sieger', mit ihren für Astern mit 3–4 cm recht großen Einzelblüten von den Blütenwolken der Myrten-Aster, *A. pringlei* 'Pink Star', duftig eingehüllt. Dazu können Sie wunderbar die hellblaue, leicht gefüllte Glattblatt-Aster, *A. novi-belgii* 'Marie Ballard', pflanzen. Ein zart rosa blühendes Gras wie das einjährige Wollhaargras, *Rhynchelytrum repens*, rundet das Bild perfekt ab. Besonders dezent ist eine Ton-in-Ton-Kombination in Weiß und Creme. Zur cremefarbenen Schafgarbe, *Achillea-filipendulina*-Hybride 'Credo', passt die weiße Prachtscharte, *Liatris spicata* 'Floristan Weiß', und die weiße Sumpf-Schafgarbe, *Achillea ptarmica* 'The Pearl'.

Die feurige Ton-in-Ton-Variante hingegen zeigt Gelb-Orange oder Orange-Rot. Im Frühjahr können Sie mit Tulpenkombinationen aus diesen Farben ein wahres Feuerwerk zaubern. Zur kräftig orangen Tulpe 'Orange Wonder' setzen Sie hierfür die goldgelbe Tulpe 'Golden Melody', beides Triumph-Tulpen. Die Gefranste Tulpe 'Lambada' mit ihrem leicht kupfrigem Touch verstärkt die Wirkung. Noch feuriger wirkt die Kombination von Orange und Rot. Dieses flammende Pflanzenbild können Sie mit der Gefransten 'Lambada' und der roten Lilienblütigen Tulpe 'Queen of Sheba' (mit leichtem braunem Hauch) zaubern – verstärkt durch das Hinzusetzen der Triumph-Tulpe 'Cassini' in tiefem Rot.

Ton-in-Ton, verfremdet

Harmonische Ton-in-Ton-Kombinationen wie Rosa-Lila oder Creme-Weiß sind stets eine Wohltat für einen Garten. Doch wenn Sie es etwas frecher mögen, dann sollten Sie solche oftmals auch ein wenig brav wirkenden Kombinationen verfremden. Denken Sie dabei an den Farbkasten und seine Möglichkeiten, Farben abzumischen. Rosa-Lila-Lavendel entsteht aus Rot mit Weiß für Rosa und Rot mit Blau und etwas Weiß für Violett und Lavendel. Mischen Sie aber zum Rosa ein wenig Gelb hinzu, so entsteht je nach Intensität Apricot oder Lachs. Die Disharmonie, die zwischen Apricot oder Lachs und Rosa entsteht, zaubert eine delikate Situation.

Das dazu passende Pflanzenbild kann aus der Schafgarbe, *Achillea millefolium* 'Lachsschönheit', und der rosa Feinstrahlaster, *Erigeron* 'Foersters Liebling' (Speciosus-Gruppe), bestehen. Wenn Sie aber noch mehr Gelb beimischen, entsteht ein kräftiges Lachsorange bis hin zu Orange. Pflanzen Sie im Herbst die beiden Einfachen, Frühen Tulpen 'Apricot Beauty' (zart apricotfarben) und 'General de Wet' (orange mit lachsfarbenem Hauch) zu einer duftig-rosa Frühlingsstaude, wie der Roten Lichtnelke, *Silene dioica*, und der lavendelfarbenen Nachtviole, *Hesperis matronalis*, – fertig ist eine außerordentlich spannende Frühlingskombination. Auch eine so verbreitete Ton-in-Ton-Kombination wie Orange-Rot können Sie verfremden – durch Abmischung der Farben mit Blau und Schwarz. Warme Rottöne mit etwas Blau vermengt ergeben kalte Rottöne, noch mehr Blau dazu ergibt Violett. Durch das Mischen von Orange und Rot mit Schwarz erhalten Sie sehr dunkle, schwärzlich schimmernde Braun- und Rottöne. In Pflanzen ausgedrückt könnte dies eine Kombination aus tief orangefarbener Taglilie, *Hemerocallis fulva*, mit braunroter Taglilie, *Hemerocallis* 'Lusty Lealand', zu Brennender Liebe, *Silene chalcedonica*, und der purpurroten Indianernessel, *Monarda*-Hybride 'Gewitterwolke', sowie einer rotvioletten Flammenblume, *Phlox paniculata* 'Aida', vor einer Blasenspiere, *Physocarpus opulifolius* 'Diabolo', sein. Haben Sie daran Gefallen gefunden? Dann fassen Sie Mut und suchen im eigenen Garten nach Möglichkeiten, diese spannende Ton-in-Ton-Verfremdung auszuprobieren.

Die Verbindung mit Lavendel ermöglicht Rosa und Orange das Zusammenspiel.

Komplementärkontrast

Der Farbkreis ist die theoretische Basis für viele Ansätze der Farbgestaltung. Die drei Grundfarben Rot, Gelb und Blau bilden dabei ein Dreieck, dazwischen liegen die sich aus den Grundfarben ergebenden Mischfarben Orange, Violett und Grün. Innerhalb des Farbkreises liegen sich die so genannten Komplementärfarben genau gegenüber: Orange zu Blau und Lila zu Gelb sowie Grün zu Rot. Sie kennen sicher noch das Spiel aus Kinderzeiten: Sie werden aufgefordert, einen roten Punkt auf weißem Papier lange zu betrachten. Danach richten Sie Ihren Blick auf ein weißes Stück Papier und sehen einen grünen Punkt, obwohl keiner da ist: Ihr Gehirn addiert die so genannte Komplementärfarbe einfach dazu. Daher wird das Zusammenspiel dieser Farben immer als harmonisch empfunden, obwohl es kontrastreich ist.
Bei Kombinationen von Stauden mit expressivem Formenkontrast wirkt der Komplementärkontrast besonders stark. So können Sie im Sommer aus den breitgelagerten Blättern des Palmengrases, *Setaria palmifolia*, mit den rot blühenden und rotlaubigen Federbusch-Celosien, *Celosia plumosa*, ein Rot-Grün-Bild mit ganz besonderer Note kreieren. Die Betrachter einer solchen Fläche werden staunen!
Dafür wirkt die Kombination aus der orangen Dekorativen Dahlie 'Ökonomierat Helfert', dem blau-violetten Leberbalsam, *Ageratum houstonianum* 'Schnittwunder', und der orangen hohen Studentenblume, *Tagetes erecta*, aufgrund der runden Blütenformen sehr ruhig.
Der dritte Komplementärkontrast schließlich, Lila und Gelb, wird standesgemäß durch die Kombination aus den Scheibenblüten der Schafgarbe, *Achillea filipendulina* 'Coronation Gold', und Feinstrahlaster, *Erigeron zabelii* 'Juwel', vertreten.
Mit einem der drei Komplementärkontraste im Garten zu arbeiten, ist ein sicheres Rezept dafür, kontrastreiche Pflanzungen zu schaffen, die nicht zu aufdringlich und auf jeden Fall harmonisch wirken, – was aber nicht heißen soll, dass eine mutige Farbgebung zu verurteilen wäre.

Beeindruckender Kontrast: grüner *Setaria palmifolia* zur Federbusch-Celosie, *Celosia plumosa* 'New Look', ruhig die Schafgarbe zum Salbei.

Verrutschte Kontraste

In Bauerngärten oder ländlich angehauchten Blumenbeeten empfinden wir das Aufeinandertreffen von Rot und Gelb als fröhlichen, starken Kontrast. Für das klassische Staudenbeet erscheint jedoch dieses Farbenspiel zu aufdringlich, nahezu derb. Doch auch hier können die beiden Farben gut gepaart werden, nur nicht in ihrer reinen Ausprägung: Zu Gelb eine kräftige Portion Weiß gemischt ergibt Cremegelb, und Rot zusammen mit Schwarz entwickelt sich zu dezentem Braunrot. In solch bezaubernder Kombination wirken auch die schwierigen Kontrastpartner edel.

Eine Ménage à trois gehen ein: Die von Ernst Pagels gezüchtete cremegelbe, 90 cm hohe Schafgarbe, *Achillea-filipendulina*-Hybride 'Credo', die vor den rotlaubigen Fenchel, *Foeniculum vulgare* 'Atropurpureum', gruppiert wird; im Vordergrund steht die Süße Wolfsmilch, *Euphorbia dulcis* 'Chameleon'.

Ein anderes ansprechendes Pärchen für den abgemilderten Kontrast ist die Kombination von Strohblume, *Helichrysum tianshanicum* 'Goldkind', mit seinen unzähligen cremegelben Blütchen und grauem Laub zu den glänzenden braunroten Blättern des Purpurglöckchens, *Heuchera micrantha* 'Palace Purple'. Wenngleich das Purpurglöckchen eher auf normalen bis frischen Beetstandorten verwendet wird, so kommt es durchaus mit den kargeren Bedingungen, auf denen die Strohblume wächst, bestens zurecht – ist dort sogar langlebiger.

Und schließlich sei noch die Kombination von der vanillefarbenen Studentenblume, *Tagetes erecta* 'Vanilla', zur braunroten Buntnessel, *Solenostemon scutellarioides* (syn. *Coleus blumei*) 'Red Velvet', vorgestellt. Die dicken Blütenköpfe der Studentenblume heben sich bestens vom Blätterwerk der Buntnessel ab. Der beschriebene, abgemilderte Rot-Gelb-Kontrast lässt sich übrigens gut in viele Farbgestaltungen einbinden, sei es mit Violett, Orange oder Weiß als Partner.

Angenehmes Farbspiel: das Cremegelb der *Achillea-filipendulina-Hybride 'Credo'* zum Dunkelrot des *Allium atropurpureum*.

Mutige Buntheit

Harmonische Pflanzenbilder sind üblicherweise mit Farbtönungen gestaltet, die im Farbkreis dicht beieinander liegen, so genannte Ton-in-Ton-Kombinationen, wie Rosa zu Lila oder Gelb zu Orange. Auch die Farbpaare der im Farbkreis gegenüber liegenden Komplementärkontraste, also Blau zu Orange und Lila zu Gelb, haben eine angenehme Ausstrahlung. Treffen indes im Beet Rosa und Orange oder kaltes und warmes Rot aufeinander, so löst dies bei manchen Betrachtern eher Ablehnung aus.
Wie manche Menschen, die einen Streit nur mit Hilfe eines Mediators beilegen, benötigen auch solche widerspenstigen Blumenpärchen einen Vermittler: Die besten Schlichter bringen braunes und graues Laub in diese konfliktreiche Beziehung ein. Doch auch einige andere Farben haben die Gabe eines Vermittlers: Apricot, selbst nicht eindeutig im Farbkreis zuordenbar, eignet sich deswegen hervorragend. Ebenso eignen sich in den Hintergrund tretende Farben wie zartes Lavendel oder Violett. Doch achten Sie auf die Dosierung, sonst wird die delikate Reibung ausgeglichen und der gewünschte Reiz geht verloren.
Umgekehrt lässt sich die mutige Buntheit noch steigern, indem besonders grelle Partner hinzugefügt werden: Einer Kombination von Viridiflora-Tulpen in Rosa und Rot wird dann beispielsweise orange blühender Island-Mohn, *Papaver nudicaule*, und eine große Gruppe von kräftig gelbem Steinkraut, *Alyssum saxatile*, hinzugefügt. Solche mutig bunten Kombinationen sind nicht unbedingt für eine ganze Rabatte geeignet, das wäre des Guten zu viel, doch innerhalb einer ausgewogenen Gestaltung wirken solche kleinen Unerhörtheiten als „Hingucker“.
An dieser Stelle noch ein paar Kombinationsvorschläge: Zur orange blühenden Zinnie, *Zinnia angustifolia* ‘Classic’, können Sie die kräftig rosafarbene Zinnie, *Zinnia* ‘Profusion Cherry’, pflanzen, die etwas größere Blüten hat. Einzeln dazwischen eingestreut, verbindet die fast schwarzlaubige Nessel, *Perilla frutescens* ‘Nankinensis’, die beiden Zinnien-Sorten. Die rostfarbene Schafgarbe, *Achillea millefolium* ‘Walter Funcke’ zum rosafarbenen Steppen-Salbei, *Salvia nemorosa* ‘Rosakönigin’, wird durch eine Gruppe des graulaubigen Wolligem Ziest, *Stachys lanata*, beruhigt, jedoch mit einigen zitronengelben Strohblumen, *Helichrysum tianshanicum* ‘Goldkind’, oder Schafgarben, *Achillea chrysocoma*, zur mutig bunten Kombination gewandelt.

Gemüse und Sommerblumen wie Mangold, *Beta vulgaris*, schopfiger Salbei, *Salvia viridis* und der Dahlie ‘Bishop of Llandaff’ in reinen Farben und Mischfarben sind hier mutig miteinander kombiniert.

Charaktere
eine gemeinsame Sprache der Pflanzen

Seit vielen Jahren gibt es ein Thema, das mich bei der Verwendung von Stauden und Sommerblumen besonders fesselt: die Charaktere, die sich aus der Kombination von Pflanzen ergeben können. Meiner Meinung nach gibt es solche Charaktere, dies entspricht in etwa der Ausstrahlung einer Einzelpflanze oder einer ganzen Pflanzung.

Die Harmonie, die von einer Pflanzung ausgeht, hängt zu einem großen Teil davon ab, ob die Kombination Stauden, Blumenzwiebeln und Sommerblumen zu einem gemeinsamen Charakter verschmilzt. Pflanzen, die sich zu einem eleganten Bild verbinden lassen, können Sie durchaus mit jenen kombinieren, die zu impressionistisch anmutenden oder romantisch geprägten Pflanzenbildern passen, nicht jedoch mit Pflanzen, die sich zu ländlichen oder feurigen Charakteren verbinden. So könnte ein Tuff Mittagsgold, *Gazania*, mit seinen deftigen Blütenscheiben eine Komposition aus eher romantischen Sommerblumen wie Doppelhörnchen, *Diascia*, und Kapaster, *Osteospermum*, völlig erschlagen. Umgekehrt wirkt der zart rosafarbene Blut-Storchschnabel, *Geranium sanguineum* 'Apfelblüte', vor einer kräftig gelben Taglilienpflanzung, *Hemerocallis*, völlig deplatziert.

Das zu beschreiben und zu erklären ist schwierig, weil ein subjektiver Eindruck zugrunde liegt.

Es ist fast unmöglich, *einer* Pflanze nur *einen* Charakter zuzuordnen, da sich in der Kombination der Eindruck von ihr verändern kann. Zusammen mit graulaubigen Stauden entwickelt sich die Spornblume, *Centranthus ruber* 'Coccineus', zu einem zurückhaltenden Charakter. In der Kombination mit Flammenblume, *Phlox paniculata*, hingegen, ändert sich die Ausstrahlung der Pflanze hin zu üppig oder opulent.

Sie können deswegen die vorgestellten Charaktere keineswegs als verbindliche Kategorie werten. Ganz im Gegenteil, Sie sollen sich durch sie ermutigt fühlen, bei der Auswahl von Stauden und Sommerblumen nach der gemeinsamen Sprache unter den möglichen Protagonisten zu forschen und dann erst eine Charakter-Pflanzung zu kombinieren.

Der Charakter der Pflanzen und Pflanzungen hängt zum Teil mit seinen Ansprüchen zusammen. Das erleichtert die Sache ein wenig, denn häufig haben Pflanzen mit ähnlichen Ansprüchen ein ähnliches Erscheinungsmuster und verbinden sich zu einem gesamtheitlichen Charakter.

Diese Kombination aus *Bassia* und *Amaranthus* wirkt erhaben und fremdartig.

Eine elegante Pflanzung aus *Salvia nemorosa* 'Adrian' und *Penstemon digitalis* 'Husker's Red'.

Eleganz

Bei einer gepflegten Villa sollte auch der Garten im passenden Ambiente erscheinen. Eine deftige oder feurige Pflanzung würde dort wohl wie ein Fremdkörper wirken. Doch wie können Sie ein elegantes Pflanzenbild, das natürlich auch in den üblichen Gärten wachsen darf, entwickeln? Dazu sind zwei wesentliche Faktoren zu berücksichtigen: Farbe und Form. Blütenbälle und -scheiben wirken fröhlich oder behäbig, aber keineswegs elegant. Blütenkerzen und -rispen hingegen strahlen eine gewisse Vornehmheit aus. Der Kandelaber-Ehrenpreis, *Veronicastrum virginicum*, mit Sorten wie 'Alboroseum', 'Diana' und 'Lavendelturm' oder *Pseudolysimachion* mit seinen vielen Arten und Sorten, von 25 cm Höhe (*P. spicatum* subsp. *incanum*; syn. *P. incana*) bis zu einem knappen Meter (*P. longifolium*) in Weiß ('Schneeriesin') und Blau ('Blauriesin'), zählen dazu. Ebenfalls empfehlenswert ist die anspruchslose Gelenkblume, *Physostegia virginiana*, der Bartfaden, *Penstemon*, und für größere Gärten der Knöterich, *Aconogonou alpinum* (syn. *Polygonum polymorphum*).

Im Reigen der elegant wirkenden Rispen findet sich für den Halbschatten das große Sortiment der Astilben von Weiß (*Astilbe* × *arendsii* 'Brautschleier') bis hin zu tiefem Purpurrot (*A.* × *arendsii* 'Glut') sowie die Fingerhüte, *Digitalis*. Für frische Standorte in der Sonne empfiehlt sich das Mädesüß, *Filipendula rubra* 'Venusta' *oder F. purpurea* 'Elegans'.

Wenn Sie eine Staudenpflanzung mit elegantem Charakter anlegen möchten, bedeutet dies aber nicht, dass Sie nur Kerzen oder Rispen miteinander kombinieren dürfen. Sie sollten allerdings darauf achten, dass diese die Mehrzahl der Pflanzen stellen und verantwortlich für den Rhythmus im Blumenbeet sind. Zusätzlich spielt die Wahl der Farben eine sehr große Rolle. Eine überwiegend aus Blütenkerzen und -rispen bestehende Pflanzung in Orange und Gelb strahlt keine Eleganz aus. Dagegen erzielt eine Kombination von Gelb mit Weiß eine elegante Ausstrahlung, wie auch sämtliche mit Weiß abgemischten Farbtönen (z.B. Lavendel, Creme oder Rosa).

Heiterkeit

Die eine Pflanzung erregt durch ihre ausgefallenen Protagonisten Aufsehen, andere wiederum erzeugen eine romantische Stimmung, und schließlich gibt es auch solche, die Heiterkeit und Lebensfreude versprühen.
Dies gelingt, wenn Sie klare Farben zusammenfügen und so eine fröhliche Buntheit entstehen lassen. Kombinieren Sie klares Blau mit reinem Gelb, warmem Rot oder Weiß, sodass keine der Farben zu massiv auftritt und eine andere erdrücken kann. Zusammen mit fröhlich wirkenden Wuchs- und Blütenformen erhalten Sie eine Pflanzung, die Heiterkeit vermittelt. Unter fröhlich wirkenden Blütenformen sind Pomponblüten zu verstehen, wie die von Ball-Dahlien oder Pompon-Zinnien. Dasselbe leisten die kleinen Blütenköpfchen von Studentenblumen, *Tagetes*, Leberbalsam, *Ageratum*, und Eisenkraut, *Verbena rigida*. Auch alle Körbchenblüten, bei denen die randlichen Zungenblüten nicht fein und zart sind, sondern eher breit und kräftig, wie beim Sonnenauge, *Heliopsis*, oder Einfach Blühenden Dahlien und Schmuckkörbchen, *Cosmos*, strahlen diese Stimmung aus. Straff aufrecht wachsende Blumen, wie Salbei, *Salvia*, oder Ehrenpreis, *Pseudolysimachion*, können eine heitere Pflanzung bereichern, sollten aber in der Minderheit bleiben.
Genauso wichtig wie die Farben und Formen ist die Anordnung im Beet, um die gewünschte Fröhlichkeit zu erreichen. Eine perfekte Höhenstaffelung ist eine der ästhetisch ansprechendsten Beeteinteilungen, wirkt aber eher elegant. Daher ist die locker durchmengte Pflanzung am besten für das fröhliche Pflanzenbild geeignet. Auch die Anordnung in kleinen, sich wiederholenden Grüppchen der Beetteilnehmer kann die Vermittlung dieses Charakters unterstützen.
Bereits im Frühling können Sie diese Wirkung erreichen, indem Sie auch hier die reinen Farben direkt aufeinander treffen lassen: Zu weißen, schwarzen, roten und orangen Einfach Blühenden Tulpen gesellen sich blaue Stiefmütterchen und gelber Goldlack.

Die rundliche Blüten von Dahlien, Zinnien und Sonnenblumen verweben sich zu einer heiteren Stimmung.

Skurrile Gestalten

Was wäre eine vielschichtige Gesellschaft ohne die Menschen, die oft zu unrecht als „schräge Vögel" bezeichnet werden und unverstanden bleiben. Einige dieser außergewöhnlichen Menschen, häufig Künstler und Querdenker, haben Geschichte und Kultur bewegt. Und auch in der Pflanzenwelt gibt es diese Protagonisten. Gezielt eingeplant verleihen sie einer Pflanzung einen eigenwilligen Reiz. Der rotbraune Grün-Kohl, *Brassica oleracea* 'Redbor', wirkt mit seinen ab Ende Juli weit ausladenden, überhängenden Seitentrieben fast dämonisch. Zusammen mit den klassischen Vertretern eines ländlichen Gartens, wie Dahlien, Zinnien und Sommerastern entsteht ein besonders kraftvolles Bild. In Verbindung mit graulaubigen Pflanzen, wie der Edel-Raute, *Artemisia ludoviciana* 'Silver Queen', kommt schon ein Anklang von Kunst ins Spiel und ganz mutig ist die Kombination mit knallroten rotlaubigen Sommerblumen wie der Federbusch-Celosie, *Celosia plumosa* 'New Look'. Dabei kann diese außergewöhnliche Pflanze sowohl als eingestreutes Einzelexemplar als auch zu kompakten Blöcken gepflanzt ihre Qualitäten zeigen. Fest steht jedoch, dass die Federbusch-Celosie durch ihre Anwesenheit den Charakter der Pflanzung grundlegend prägt oder sogar verändert. Ein weiteres Beispiel für eine eigenwillige Pflanzung zeigt die fast romantisch anmutende Kombination aus rosa Zinnien, *Zinnia elegans* 'Oklahoma Rosa', kupferfarbenen Löwenmäulchen, *Antirrhinum* 'Rocket Bronze', und pinkfarbenem Blut-Weiderich, *Lythrum salicaria* 'Swirl' durch die Ergänzung mit dem rotbraunen Grün-Kohl. Eine ähnliche, wenngleich nicht ganz so kraftvolle Wirkung, geht auch von der Schwarzen Nessel, *Perilla frutescens* 'Nankinensis', dem schwarzlaubigen Dost, *Ageratina altissima* 'Chocolate', oder der Waagerechten Herbst-Aster, *Aster lateriflorus* var. *horizontalis* 'Lady in Black', aus. Die Wirkung dieser skurrilen Gestalten wird natürlich durch ihr dunkles Laub kräftig gesteigert, mit grünem Laub stellt sich eine sanftere Wirkung ein. Bei der Verwendung dieser außergewöhnlichen Pflanzen sollten Sie sich jedoch bewusst sein, dass sie nur für außergewöhnliche Situationen sinnvoll sind. In einer „Durschnittsrabatte" wären sie fehl am Platz.

Skurrile Gestalten verändern mit ungewöhnlicher Wuchsform und Farbe die Ausstrahlung einer Pflanzung.

Ländliche Stimmung durch Gemüse wie Mangold, *Beta vulgaris*, Mais, *Zea mays*, und Kräuter zwischen Stauden und Sommerblumen.

Ländlich-fröhlich

Drei Aspekte werden vorrangig mit einem Bauerngarten verbunden: Ein formales Grundgerüst mit kreuzförmiger Wegeeinteilung und Buchseinfassungen, eine fröhliche Buntheit der Pflanzen und die gemeinsame Präsenz von Blumen, Gemüse, Kräutern und Heilkräutern.
Um ein Beet im ländlichen Stil anzulegen, müssen diese Voraussetzungen nicht alle gleichermaßen erfüllt sein. Nur selten ist es möglich, ein Beet mit geometrischem Grundriss und Buchseinfassung anzulegen. Auch möchte sich nicht jeder Gartenbesitzer mit der Gemüsekultur plagen. Also dienen diese Faktoren als „Würze", von denen jedes ein wenig zum Gelingen eines Blumenbeetes mit ländlich-fröhlicher Stimmung beiträgt.
Küchenkräuter oder Heilpflanzen, wie der Hadriansminze, *Calamintha nepeta* subsp. *glandulosa*, Oregano, *Origanum vulgare*, und Gewürz-Salbei, *Salvia officinalis*, können als Begleitpflanzen im Beetvordergrund schon einiges zum ländlichen Charakter beitragen. Die Stars sind jedoch in dieser Gartenszene Ziergemüse, wie buntlaubige Mangold-Sorten, *Beta vulgaris* 'Bright Lights', und rotlaubiger Salat, wie *Lactuca sativa* var. *crispa* 'Lollo Rossa'. Eine starke Wirkung geht auch von fröhlich-bunten Kombinationen aus. Hier darf die rote Brennende Liebe, *Silene chalcedonica*, neben der gelbbraunen Kokardenblume, *Gaillardia* 'Kobold', blühen, dazu eine Gruppe von dunkelblauem Rittersporn, *Delphinium-cultorum*-Hybride 'Blauwal'. Wichtig ist aber, dass alle miteinander kombinierten Pflanzen typische Rabattenstauden für sonnige, nährstoffreiche Standorte sind – an Schatten erinnernde Stauden, wie die Prachtspiere, *Astilbe*, würden das ländliche Bild verfälschen.
Außerdem sollten Sie in Ihrem ländlichen Beet viele, leicht selbst aus Samen zu ziehende Sommerblumen, wie Löwenmäulchen, *Antirrhinum*, Bechermalve, *Lavatera*, Ringelblume, *Calendula*, Zinnien, *Zinnia*, und Sommerastern, *Callistephus*, zwischen die Stauden pflanzen, sie füllen das Beet mit ihren Blüten und Blättern und sind preiswert.
Noch ein Tipp: Mit der Entdeckung Amerikas im 16. Jahrhundert kamen viele Stauden, wie Astern, *Aster* spec., Flammenblume, *Phlox*, sowie die vorhin genannten Sommerblumen zu uns und hielten rasch Einzug in den Bauerngarten, den sie bis heute prägen. Die später importierten ostasiatischen Stauden wie Funkien, *Hosta*, wurden nach ihrer Einführung bevorzugt in bürgerlichen Gärten eingesetzt. Sie werden noch heute mit ihnen in Verbindung gebracht und passen daher nicht zum Charakter eines ländlichen Gartens.

Klumpig wie Erde: Mandel-Wolfsmilch und Sommerblumen wie die Buntnessel 'Kiwi Fern' in braun und grau.

Erdige Pflanzungen

Die vier Elemente Feuer, Wasser, Erde, Luft sind in unserem Alltag präsent, warum also sollten sie nicht auch in der Pflanzenverwendung Einzug halten? Das Element Feuer wird mit Pflanzenbildern feurigen Charakters treffend umgesetzt. Hier soll nun versucht werden, das Element Erde mithilfe von Pflanzen zu formulieren. Um ein außergewöhnliches Thema zu realisieren, ist die Erscheinung der vorgesehenen Pflanzen fein zu beobachten. Ein erdiger Charakter lässt sicht kaum durch Blütenfarben vermitteln, denn nur wenige Pflanzen blühen in den Farben, in denen wir uns das Thema Erde üblicherweise vorstellen: bräunlich bis Purpur – wenn der Boden besonders lehmig ist, auch leicht blau überhaucht. Erde ist bodenständig und schwer. Die Pflanzen könnten sich also durch einen gedrungenen und kompakten Habitus auszeichnen. Fein verzweigte Pflanzen mit zarten Blütchen wie sie für eine impressionistisch anmutende Pflanzung zu bevorzugen sind, erscheinen hier nicht angemessen. Vielmehr können solch imposante Blattrosetten, wie die des rotlaubigen Breit-Wegerichs, *Plantago major* 'Atropurpurea', zusammen mit dunkellaubiger Fetthenne, *Sedum* 'Matrona' oder 'Purple Emperor', den erdigen Charakter gut darstellen. Das Purpurglöckchen, *Heuchera micrantha* 'Palace Purple', das dezente cremeweiße Blüten auf braunrotem Laub zeigt, ergänzt zusammen mit Süßer Wolfsmilch, *Euphorbia dulcis* 'Chameleon', diese herben Pflanzen. Damit auch eine Pflanzung mit erdigem Charakter eine Höhenstaffelung erfährt, können Sie den mystisch wirkenden Wasserdost, *Ageratina altissima* 'Chocolate', im Beet einbinden. Alle bisher genannten Stauden sind rot- bis braunlaubig. Ausschließlich diese für einen Garten mit erdigem Charakter zu verwenden, erscheint aber zu einseitig. Sie können als lichten Akzent die außergewöhnliche *Iris pallida* 'Variegata', die mit ihren gestreiften Blattfächern die Blicke auf sich zieht, einbringen. Die Fläche wird im Frühsommer mit dem Sterngelkugel-Lauch, *Allium christophii* bereichert. Die Fruchtstände des Sternkugel-Lauchs halten übrigens bis weit in den Sommer.

Naturhaft

Viel Grün, wenige Blüten, nichts Plakatives und innig verwoben – so könnte in Kurzform ein naturhaftes Pflanzenbild beschrieben werden. Näher betrachtet sind vor allem die verwendeten Wuchsformen für den Charakter einer Pflanzung ausschlaggebend. Plakative Pflanzungen entstehen aus gedrungenen, kompakten Protagonisten. Für naturhaft wirkende Pflanzungen empfehlen sich hingegen Stauden und Sommerblumen mit besonders sparriger Verzweigung und locker angeordneten Einzelblüten am Ende eines dünnen Stängels; Knautien, *Knautia macedonica*, Kalifornischer Goldmohn, *Eschscholtzia californica*, oder Zinnien, *Zinnia elegans*, zeigen diese Eigenschaft.
Auch eintriebige Blumen mit einer Blüte auf einem dünnen Stängel, so z.B. Klatsch-Mohn oder Island-Mohn, *Papaver rhoeas, P. nudicaule*, und schlanke Rispen, beispielsweise die der Königskerze, *Verbascum*, oder des Leinkrauts, *Linaria purpurea*, tragen zum naturhaften Pflanzenbild bei. Nicht zu vergessen die Gräser, jedoch nicht die ornamentalen, großen, wie das Chinaschilf, *Miscanthus sinensis*, sondern lockerwüchsige und durchaus auch sehr große, wie das Perlgras, *Melica altissima* 'Atropupurea', das Diamantgras, *Stipa calamagrostis* (syn. *Achnatherum calamagrostis*), die Rasen-Schmiele, *Deschampsia cespitosa*, sowie zarte Doldenblüter wie die Knorpelmöhre, *Ammi majus*.
Zur Steigerung des naturhaften Charakters können Sie heimische Wildstauden mit einbinden. Der stattliche Dost, *Eupatorium fistulosum* 'Atropurpureum', oder der lang blühende mit seinen straffen Kerzen geschmückte Blut-Weiderich, *Lythrum salicaria*, sei Ihnen dafür ans Herz gelegt. Beide sind übrigens geeignet, die Funktion von Leitstauden zu übernehmen und das Beet zu gliedern.
Die Gestaltung einer naturhaften Pflanzung sollte, wenn Sie die Artenauswahl festgelegt haben, keineswegs ein Zufallsprodukt sein – frei nach dem Motto „alles durcheinander pflanzen". Auch hier ist eine klassische Staudenkomposition mit rhythmisch angeordneten Leitstauden, Begleitstauden und Füllern ebenso notwendig, wie ein durchdachtes Farbkonzept.

Die Rasenschmiele, *Deschampsia cespitosa*, verschleiert die Blütenkerzen der Kardinals-Lobelie, *Lobelia fulgens*.

Die Artischocke, *Cynara cardunculus*, umgeben vom Wolligen Ziest, *Stachys lanata*, und Ruhrkraut, *Helichrysum petiolare*.

Sprödes

Muss ein Beet immer freundlich, harmonisch und angenehm aussehen? Kann es nicht durch nahezu abweisende Pflanzenkombinationen einen ebenso künstlerischen Anspruch erheben? Und: womit nimmt solch ein kunstvolles, aber abweisendes Beet den Betrachter für sich ein?

Zunächst ist das augenfälligste Merkmal zu beleuchten: die Farbe. Ein sprödes Beet wird weder mit romantischen Rosa-Kombinationen aufwarten noch mit feurigem Gelb und Orange. Vielmehr stehen hier zurücktretende Farben, wie Grau, Braunrot, Cremegelb oder Blassmauve, im Mittelpunkt. Nicht in sanften Übergängen, sondern in unerwarteten Auftritten weit entfernter Tönungen des Farbkreises stehen sie zusammen: der schmutzig mauvefarbene Goldlack, *Erysimum* 'Bowles Mauve', zur braunvioletten Miniatur-Viole *Viola-cornuta*-F1-Hybride 'Velour Dark Blue with Brown' zeigt, dass hier die Regeln der Farblehre nicht angewandt werden.

Neben der Farbe können auch bestimmte Formzusammenstellungen einen spröden Charakter vermitteln. Kompakt, wenig ausladend oder sparrig verzweigt wachsen die Partner eines spröden Pflanzenbildes. Besonders hart wirkendes, rundes Laub wie das von Salbei, *Salvia officinalis* 'Tricolor', zu stacheligen Gräsern wie Blau-Schwingel, *Festuca cinerea* 'Typ Uechte', gehört dazu. Auch die Verbindung von Stacheldrahtstrauch, *Calocephalus brownii*, und Günsel, *Ajuga reptans* 'Burgundy Glow', wirkt alles andere als schmeichelnd – genauso wenig wie die Konfrontation von Artischocke, *Cynara cardunculus*, mit Ruhrkraut, *Helichrysum petiolare*.

Die abweisende Wirkung mancher Kombinationen wird noch gestärkt, wenn einer der beteiligten Pflanzenpartner dunkellaubig ist. Der dunkellaubige Breit-Wegerich, *Plantago major* 'Atropurpurea', lässt selbst die weichste Pflanzenkombination spröder erscheinen. Übrigens scheinen die interessanten, abweisend erscheinenden Pflanzen in der Natur vorwiegend auf eher trockenen und sonnigen Standorten vorzukommen. Die oftmals weichen Blätter schattenliebender Pflanzen vermitteln nur in seltenen Fällen einen spröden Eindruck.

Feuer in der Blumenwelt

Magisch ist die Anziehungskraft eines Lagerfeuers, dabei wirkt nicht die Romantik lauer Sommerabende, sondern der faszinierende Anblick lodernder Flammen. Von Gelb über Orange bis Dunkelrot züngelt das Feuer; wo es besonders heiß ist, auch bläulich und fast weiß. Übertragen auf eine Pflanzung kommen Farbenspiel, Form und Anordnung eine gleichgewichtete Rolle zu. Die Kraft des Feuers ist nicht zu vermitteln, wenn Sie lauter kleinblütige Pflanzen, die zart miteinander verwoben sind, aus starken Feuerfarben assoziieren. Ganz im Gegenteil: großblütige Stauden und Sommerblumen, auch in stattlicher Größe, sind vielmehr erforderlich, um den feurigen, lodernden Ausdruck zu vermitteln. Und sie sollten in größeren Gruppen gepflanzt werden, nur so wirkt die Komposition überzeugend.
Hier haben so schwierig einzubindende Stauden wie die Fackellilie, *Kniphofia*, ihren großen Auftritt. Auch das sonst so schwer mit anderen Pflanzen kombinierbare Mittagsgold, *Gazania*, ist mit seinen gelben, orangen und teils kupfer-orange gestreiften Sorten als Begleitpflanze feuriger Themen bestens geeignet. Taglilien, *Hemerocallis*, die ja ebenfalls über viele Sorten in den Farben den Feuers verfügen, und die im Spätsommer in schönsten Orange- und Rosttönen lodernde Sonnenbraut, *Helenium*, – in Sorten, wie 'Waltraud', 'Indianersommer', 'Rubinzwerg' – sind unverzichtbare Bestandteile eines Gartens mit feurigem Charakter. Übrigens unterstützen auch herbstfärbende und ganzjährig rötlich oder gelb gefärbte Gräser ein feuriges Pflanzenbild. Denken Sie nur an die straffen, im Spätsommer nahezu goldgelben Halme des Reitgrases, *Calamagrostis × acutiflora* 'Karl Foerster', oder die rötliche Ruten-Hirse, *Panicum virgatum* 'Rehbraun'.
Ein feuriges Beet hat eine sehr hohe Fernwirkung, so kann es auch für die Betrachtung aus der Distanz angelegt werden.

Groß- und kleinblumige Studentenblumen, *Tagetes erecta*, *T. patula-nana*, zu einem feurigen Teppich verwoben.

Silbrige Blätter der Trockenheit

Eingehüllt in eine Fülle von Tüchern und die Bewegungen auf ein Minimum reduziert – so schützen sich in der Wüste lebende Menschen vor allzu großer Hitze und Trockenheit. Warum sollte dies bei den Pflanzen anders sein? So haben viele Pflanzen Schutzmechanismen entwickelt, um bei geringen Niederschlägen, starkem Wind und direkter Sonneneinstrahlung zu überleben. Eine der Überlebensstrategien ist dabei das „Klein-Machen-und-Sich-Einpacken".
Genauso wichtig wie die kompakte Wuchsform ist die Beschaffenheit der Blattoberflächen. Wachsige Überzüge oder eine Vielzahl feinster Härchen bilden den idealen Verdunstungsschutz und lassen die Pflanzen grau erscheinen.
Sehen Sie genau hin, dann entdecken Sie die Feinheiten einer Pflanze, die Voraussetzung sind für eine interessante neue Pflanzenkombination. Bekannte Vertreter graulaubiger Pflanzen, wie das Silberkraut, *Cineraria maritima*, oder den Wolligen Ziest, *Stachys lanata*, können Sie mit dieser Betrachtungsweise neu entdecken. So bildet der Wollige Ziest mit der kleinen Edel-Raute, *Artemisia schmidtiana* 'Nana', ein kontrastreiches Paar aus wollig weißen, eiförmigen Blättern zu feingliedrig unterteilten Blättern. Zu diesen beiden kissenförmig wachsenden Stauden sehen weich überhängende Gräser wie der Blaustrahl-Wiesenhafer, *Helictotrichon sempervirens*, besonders attraktiv aus.
Der einfachste Weg, graue Pflanzungen interessant zu gestalten, liegt in der Kombination möglichst gegensätzlicher Blatt- und Wuchsformen. Zu den zackigen, walzenförmig angeordneten Blättern der Walzen-Wolfsmilch, *Euphorbia myrsinites*, sehen die weißen Blütenschirme der Schafgarbe, *Achillea umbellata*, ansprechend aus. Als kontrastierender Partner zum stacheligen Blau-Schwingel, *Festuca cinerea* 'Typ Uechte', gefällt die Edel-Raute, *Artemisia stelleriana* 'Moris Form', mit ihren stark gebuchteten Blättchen.
Die Mehrzahl der graulaubigen Stauden und Sommerblumen blüht eher unauffällig. Aber richtig kräftige Blütenfärbungen sind darunter zu finden. Man denke nur an das knallige Pink der Vexiernelke, *Silene coronaria*, oder das Sonnengelb der Schafgarbe, *Achillea clypeolata*. Zu Grau kommen diese Farben besonders stark zur Geltung, insbesondere dann, wenn sie nur sparsam als „Hingucker" in die Pflanzung gemischt werden. Das gilt auch für einzeln eingestreute, opulente Blütenpflanzen, die über eine graue Pflanzung verteilt werden.

Die silbernen Blätter von Edel-Raute, Wachsblume, Ziest und Ruhrkraut bringen die dunkelrote Ball-Dahlie 'Black Diamond' gut zur Geltung.

Bekannte Protagonisten wie Dahlien, Fuchsschwanz und Buntnesseln in ungewöhnlichen Farben und Formen.

Exotik ohne Exoten

Ganz richtig mag die Überschrift nicht sein, denn alle Pflanzen, die bei uns nicht heimisch sind, sind mehr oder weniger fremde Exoten. So gesehen bestehen 99 % der Blumenrabatten und Staudenbeete aus Exoten. An dieser Stelle sind mit Exoten vielmehr schwer zu kultivierende, nicht winterharte Pflanzen mit außergewöhnlichen Blüten und Blättern gemeint. Der Paradiesvogel, *Strelitzia reginae*, zählt dazu, genauso wie Baumfarne oder Bananen. Einen exotischen Charakter können Sie aber auch mit weniger komplizierten Stauden und Sommerblumen entwickeln.

Der Begriff Exotik wird stark mit der landläufigen Vorstellung von Urwald und Tropen verbunden und visuell mit besonders großlaubigen und ausgefallenen Pflanzen assoziiert. Und genau dies ist für eine exotisch wirkende Pflanzung gefragt. Das Mammutblatt, *Gunnera chilensis, die* exotisch wirkende Großstaude ohnegleichen, ist eher anspruchsvoll, liebt ausreichend Bodenfrische und benötigt einen Winterschutz. Dennoch kann sie an geschützten Standorten (auch in kälteren Regionen) durchaus gedeihen und auf ihr Umfeld eine exotische Stimmung ausstrahlen.

Doch auch das Tafelblatt, *Astilboides tabularis*, ergibt zusammen mit dem Hirschzungenfarn, *Asplenium scolopendrium*, und Greiskraut, *Ligularia dentata* 'Desdemona', oder der Telekie, *Telekia speciosa*, ein solch exotisch anmutendes Pflanzenbild.

Bei den Sommerblumen finden Sie mit den riesigen, teilweise rotlaubigen oder auch gemusterten Blättern des Indischen Blumenrohres, *Canna-indica*-Sorten, einen sehr exotisch wirkenden Teilnehmer. Ebenso bedeutend ist der Wunderbaum, *Ricinus communis*, der sich bei geeignetem Standort und ausreichender Düngung im Laufe eines Sommers zu einem übermannshohen Gewächs entwickeln kann. Auch ein paar Exemplare der Artischocke, *Cynara cardunculus*, wandeln die Pflanzung in ein exotisches Bild.

Doch auch mit wesentlich unspektakuläreren Sommerblumen können Sie das exotische Flair herstellen: Die Schwarznessel, *Perilla frutescens* 'Nankinenis', zählt ebenso dazu, wie der Stechapfel, *Datura metel* und *D. suaveolens*, und auch das schwarzlaubige Papageienblatt, *Alternanthera* 'Black Knight', sowie die Spinnenblume, *Cleome spinosa*.

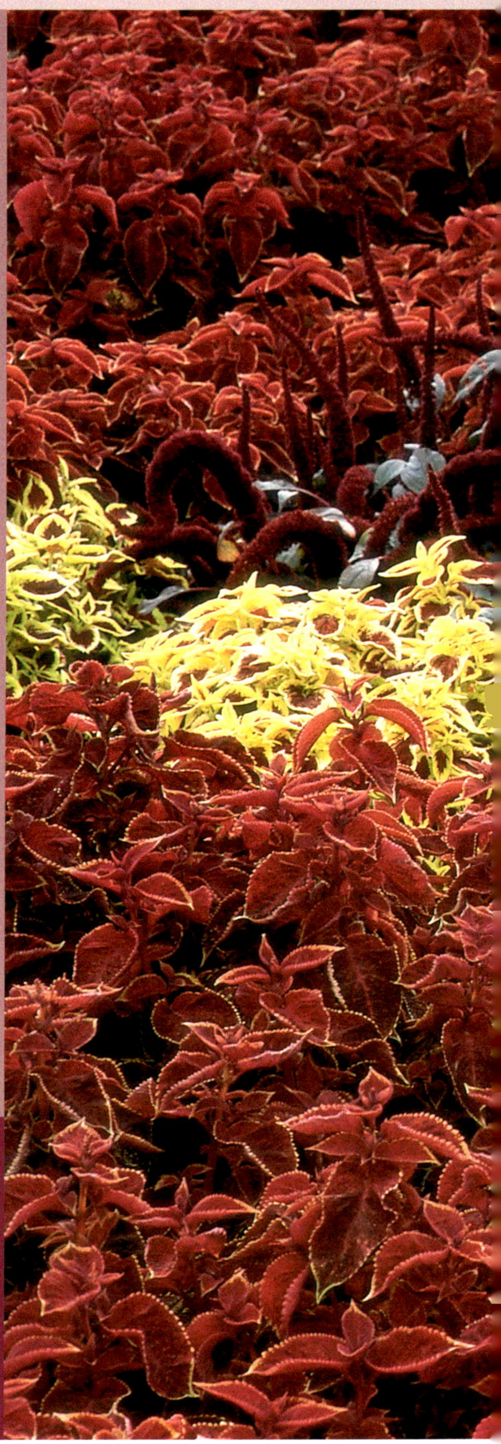

Wie bei den Impressionisten sind hier die Pflanzen farblich und räumlich gruppiert.

Impressionistisch anmutende Pflanzenbilder

Weiche Konturen, zarte und verwobene Farbaufträge – Malerei des Lichtes wie Monets Frühlingsspaziergang und Stimmungen ohne Zeit und Raum. Gelingt es, dies in eine Pflanzung zu übertragen, so darf auch sie sich impressionistisch nennen. Aber wie? Dazu ist ein Blick auf die großen Kunstwerke sinnvoll. Die flüchtigen Pinselstriche der Maler, die sich nach der Enge der Atelier-Malerei des Klassizismus mit ihrer Ausrüstung in die Landschaft begaben, wählen Farben sehr dicht nebeneinander, nur selten verwenden sie die reinen Farbtöne. Sie werden bewusst gesetzt, um den Bildaufbau zu strukturieren.

Diese vereinfachten Grundregeln helfen bei der Zusammenstellung einer impressionistischen Pflanzung. Zarte Farbtöne von Blumen mit lockerem Aufbau und zarten Einzelblüten empfinden den Farbauftrag der Maler nach. Gezielt angeordnete größere Blüten, auch stärkerer Farben und markantes Blattwerk sorgen für die Gliederung des Pflanzenbildes.

Besonders schön zeigt sich in der Sonne eine Komposition aus Schleierkraut, *Gypsophila*, Bechermalve, *Lavatera thuringiaca* 'Barnsley', weißem Mehligen Salbei, *Salvia farinacea* 'Porcelain', Flammenblume, *Phlox* 'Puderquaste', und der Glattblatt-Aster, *Aster novi-belgii* 'Fellowship'. Dazu passen entweder eine violett blühende Bart-Iris 'Superstition' (Barbata-Elatior-Gruppe) oder rosafarbener Mohn, *Papaver orientale* 'Kleine Tänzerin', und graulaubige Stauden wie das Perlkörbchen, *Anaphalis triplinervis* 'Sommerschnee'.

Im Halbschatten empfehlen sich weiße und rosa Purpurglöckchen, *Heuchera* 'Schneewittchen' und 'Jubilee', bei humosem Boden auch × *Heucherella tiarelloides*. Dazu können Sie Amselrauten, *Thalictrum rochebrunianum*, oder Salomonsiegel, *Polygonatum multiflorum*, gesellen.

Für die gliedernden Punkte sorgen Bergenien im Vordergrund oder die großen Blüten von Fingerhut, *Digitalis grandiflora* var. *macrantha*, in der Beetmitte. Das sind nur zwei kleine Beispiele.

Die Vielfalt der Stauden und Sommerblumen erlaubt fast auf jedem Standort, den Charakter des Impressionismus in einem Blumenbild einzufangen.

Rhythmen und Räume – vom Sehen und Übersehen

Der Betrachter nimmt immer zuerst die Farben eines Beetes wahr. Doch ist darüber hinaus vor allem die Beeteinteilung eine der wichtigsten Voraussetzungen für das Gelingen einer idealen Pflanzung – einer charakterstarken Pflanzenkomposition.

Viele Jahre liegt meine Anfangszeit als Planerin zurück. Damals konzentrierte ich mich bei der Gestaltung oft auf die Pflanzenzusammenstellung, das Gesamtbild, die vielen kleinen Details und natürlich das ausgeklügelte Farbkonzept. Darüber übersah ich oft, dass die Gliederung des Beetes und die Wiederholung bestimmter Pflanzen von großer Bedeutung ist. Das hatte zur Folge, dass die eine oder andere Komposition mit dieser Anfängertechnik durchaus ansprechend geriet, aber für den Betrachter der übergeordnete Zusammenhang unergründlich blieb. Mit zunehmender Erfahrung kristallisierte sich heraus, dass nur durch die Bildung bestimmter Raumzusammenhänge ein nachvollziehbares Pflanzschema geschaffen werden kann.

Das Pflanzschema gibt den Rhythmus für ein Beet vor und verschiedene Stilmittel, die nachfolgend beschrieben werden, erzeugen diesen Rhythmus. Wägen Sie von Situation zu Situation ab, welches Stilmittel eingesetzt werden kann, um Ihre Gestaltungsidee zu unterstützen.

Auch eine lockere und freie Pflanzung braucht einen soliden Rahmen. Es ist im Übrigen auch unbedeutend, ob Sie es mit einer großen oder kleinen Pflanzung zu tun haben – einen Raum gliedernden Rhythmus benötigt jeder Garten!

Jede Pflanzung benötigt Gesetze der Ordnung, um das Auge des Betrachters zu leiten.

Vom Rhythmus im Blumenbeet

Harte Schale, weicher Kern – diese Beobachtung trifft nicht nur auf menschliches Verhalten zu, es beschreibt ein wichtiges Prinzip, das Pflanzenkompositionen Stabilität verleiht.
Eine völlig frei wachsende, willkürlich wirkende Staudenpflanzung ohne ordnende Prinzipien ist ästhetisch unbefriedigend. Daher bedarf es einer solchen „harten Schale", die auch gleichzeitig den Rhythmus für das Blumenbeet darstellt.
Das Optimum wird durch einen übergeordneten Rhythmus hergestellt, der losgelöst von der eigentlichen Pflanzung steht. Dies kann eine raumbildende Heckenanordnung sein, die dann auch gleichzeitig den ruhigen Hintergrund der Pflanzung bildet. Ebenso eignen sich dafür gezielt platzierte Einzelgehölze oder Mauern aus lebendem oder totem Material. In diesen übergeordneten Rhythmus fügt sich die Beetpflanzung ein. Um einen wirkungsvollen Rhythmus zu erreichen, sind ruhige Pflanzenformen bestens geeignet. Buchs und Eibe, geschnitten oder frei wachsend, empfehlen sich deswegen ebenso wie große Gräser, beispielsweise der Chinaschilf, *Miscanthus*, oder sich stabil entwickelnde Stauden wie die unbekannte Boltonie, *Boltonia asteroides*. Diese Gliederungspflanzen können dabei, je nach Geschmack und Umfeld, streng formal gruppiert oder frei stehen. Wichtig ist nur, dass Sie für die Gliederung möglichst wenig verschiedene Pflanzen verwenden. Oft sind Staudenpflanzungen zu sehen, in denen sich lauter unterschiedliche Pflanzen ohne Wiederholungsrhythmus aneinander reihen. Der Betrachter erkennt das Durcheinander sofort und übersieht das Beet. Ebenso schnell würde er auch eine ordnende Struktur erkennen, die ihn dann auch zum Verweilen einlädt.
Das Geheimnis einer gelungenen Pflanzung ist oft ihr Rhythmus.

Für gelungene Pflanzungen
sind rhythmische Einteilungen
ein gutes Stilmittel.

Wiederholungen

Fernsehfans sind Wiederholungen ein Dorn im Auge, für den Rabattenbetrachter ist ein wiederkehrendes Thema ein ästhetisch wirkungsvolles Rezept.

Eine Wiederholung in ihrer einfachsten Ausprägung ist die Mehrfachpflanzung der gleichen Art und Sorte innerhalb einer Rabatte. Dabei kann dieser „Rhythmusgeber“ streng, in immer gleichen Abständen gepflanzt sein oder in einer freien, variierenden Anordnung.

Geleitet durch diese Sequenzen wird das Auge des Betrachters über die Rabatte geführt, dabei entgeht ihm nicht die Vielfalt, die das strukturierende Gerüst trägt.

Es müssen kraftvolle Pflanzen sein, die den Rhythmus geben. Wenn es thematisch sinnvoll ist, eignen sich hierfür Gräser wie Blaues Pfeifengras, *Molinia caerulea*, oder das Reitgras, *Calamagrostis × acutiflora*.

Doch können die Wiederholungen auch subtiler erscheinen. Stellen Sie sich ein Schattenbeet vor, das mit allerlei rosa und blauen Akeleisämlingen durchwirkt ist und bepflanzt ist mit einem Teppich aus Purpurglöckchen, *Heuchera*, Prachtspieren, *Astilben*, in diversen Rosatönen, und schließlich mit weißen und rosa gefärbten Anemonen, die im Herbst noch einmal auftrumpften. Blaues Funkienlaub, beispielsweise von der Sorte *H. sieboldiana* 'Elegans', tritt in dieser Pflanzung immer wieder auf und gibt dadurch der ganzen Pflanzenkomposition die notwendige Struktur.

In einer sonnigen, bunten Rabatte mit warmem Gelb, Orange und Blau könnten dagegen über diesen Farben schwebende cremegelbe Tupfer wie die von Schafgarbe, *Achillea-filipendulina*-Hybride 'Credo', für den Wiederholungsrahmen sorgen.

Wirkungsvoll, aber kaum bewusst wahrnehmbar sind Formwiederholungen, die bei gezieltem Einsatz den Blick fast schon auf geheimnisvolle Art und Weise leiten: Vertikal wachsende Pflanzen wie Weidenröschen, *Epilobium angustifolium*, oder Kandelaber-Ehrenpreis, *Veronicastrum virginicum*, übernehmen diese „geheimnisvolle“ Rhythmisierung in eleganter Manier.

Behäbiger geht es da schon zu, wenn scheibenförmige Blüten, wie Mexikanischer Dost, *Bartlettina sordida* (syn. *Eupatorium atrorubens*), oder Färberkamille, *Anthemis tinctoria*, an gezielten Stellen im Beet auftauchen.

Und natürlich lassen sich auch Farbe und Form wirkungsvoll zur Rhythmisierung einsetzen. Eine meiner Lieblingspflanzen, der das ganze Jahr über attraktive Bartfaden, *Penstemon digitalis* 'Husker's Red', ist für diesen Zweck besonders geeignet. Seine rotlaubigen Kerzen und zartrosa Blüten wirken in der Wiederholung besonders elegant.

Die Beetkomposition kann dank dieser optisch wirksamen und kraftvollen Pflanzen nicht auseinander fallen – erst dann entsteht ein Gesamtbild.

Wiederholungen markanter Formen oder Farben stabilisieren das Bild einer Komposition.

Chef im Beet

„Was soll diese Überschrift?“, werden Sie sich fragen. Lassen Sie sich überraschen!
Sie haben in anderen Kapiteln bereits vom Charakter einer Pflanzung gelesen, den sie zweifelsohne hat. Ein besonders ausgewogenes Charakterbild erhalten Sie, wenn Sie Pflanzen mit ähnlicher Sprache, mit ähnlichem Temperament auswählen und kombinieren. Doch damit ist der Charakter der Pflanzung noch nicht eindeutig ablesbar. Sie braucht eine Leitfigur, einen Chef. Er soll das Bild derart dominieren, dass es für einen gewissen Zeitraum einmalig erscheint. Es können je nach Größe des Beetes mehrere verschiedene Hauptfiguren in zeitlicher Abfolge eingepflanzt werden. Sie erfüllen dabei nicht unbedingt die Funktion einer Leitstaude, welche über die ganze Vegetationsperiode über stabil stehen und möglichst lange blühen sollte. Der Chef im Beet übernimmt hingegen nur für kurze Zeit die dominierende Rolle. Der kurzlebige Purpur-Fingerhut, *Digitalis purpurea*, mit seinen weißen ('Alba'), apricotfarbenen ('Apricot') und gemischt ('Excelsior') blühenden Sorten – sowie der lachsfarbene *Digitalis × mertonensis* – kann in einem Beet mit Stauden romantischer Ausstrahlung für kurze Zeit die Chef-Rolle übernehmen.

Gleiches gilt für den Muskateller-Salbei, *Salvia sclarea*. Auch viele Blumenzwiebeln erfüllen diese Aufgabe meisterlich. Beeindruckend gelingt dies dem Riesenblütigen Zierlauch, *Allium* 'Globemaster', zusammen mit Stauden von eher sprödem Äußeren. Zu den spröden Schönheiten zählen die Schafgarbe, *Achillea millefolium*, und das Perlkörbchen, *Anaphalis triplinervis*. Die passende Leitstaude dazu ist der Blaustrahl-Wiesenhafer, *Helictotrichon sempervirens* ergänzt mit dem graufilzigen Ehrenpreis, *Pseudolysimachion subsessile*, sowie der Spornblume, *Centranthus ruber* 'Coccineus'. Ende Juni beherrscht *Allium* 'Globemaster' dieses ausgewogene Staudenbild als Chef.
Damit das Experiment im Umgang mit solch dominanten Pflanzen nicht missglückt, ist große Einfühlsamkeit notwendig. Dieselbe Zierlauchsorte würde in einem Umfeld von Taglilien, *Hemerocallis*, völlig deplatziert wirken, weil Taglilien selbst so ausdrucksstark sind, dass sie einer derartigen Ergänzung nicht bedürfen.

Muskateller-Salbei, *Salvia sclarea*, oder Zierlauch 'Allium Globemaster', dominieren zeitweise die Pflanzung.

Eine Pflanzung mit *Heuchera*, *Sedum*, *Calocephalus*, *Santolina*, *Ceratostigma* und Herbst-Chrysanthemen.

Streng formal

Nicht nur in einer freien, variierenden Pflanzenanordnung wirken Beete ansprechend, sondern auch im streng rhythmisierten Bepflanzungsmuster – und das obwohl diese strenge, klare Anordnung von Pflanzen Lücken und Fehleinschätzungen deutlich zu Tage fördert. Ein gutes Konzept gibt die notwendige Sicherheit bei solchen Vorhaben. In ihm sind die Rollen von Farben, Formen und Blütezeiten optimal aufeinander abgestimmt. Sie können jedoch für ihren Garten weniger komplexe Pflanzungen ausprobieren. Opfern Sie dafür ein kleines Stück Garten. Die Pflanzung, die darauf entstehen kann, ist nur für einen begrenzten Zeitraum wirkungsvoll oder sie wird zwei- bis dreimal im Jahr umgepflanzt. Das ist nicht ökonomisch, aber auf diesem Wege entstehen besonders effektvolle Gartenbilder.

Die einfachste Art für eine formale Bepflanzung ist eine rasterförmige Anordnung, ähnlich einem Schachbrett. Auch geschwungene Grundformen lassen sich derart gestalten. Wichtig ist, dass Sie bei dieser Anordnung der Pflanzen die Arten in größeren Gruppen nebeneinander anordnen. Dabei müssen Sie auch hier auf das Miteinander und in diesem Falle Nebeneinander der Farben und Formen achten. So könnten Sie im Frühjahr ein Raster aus jeweils 80 × 80 cm mit *Tulipa viridiflora* 'Spring Green' (aufrecht), cremegelben *Viola* (ruhig und breit gelagert) und gelbgestreiften Seggen, *Carex hachijoensis* 'Evergold' (bogig überhängend), anlegen. Im Frühsommer werden sie von kurzlebigeren Sommerblumen und Stauden wie Knäuel-Glockenblume, *Campanula glomerata*, Männertreu, *Lobelia erinus*, und Felicie, *Felicia amelloides*, abgelöst. Im Spätsommer schließlich besteht das Raster aus verschiedenen Chrysanthemen-Sorten, Stacheldrahtstrauch, *Calocephalus brownii*, und den beruhigenden Ruhepolen der Hohen Fetthenne, *Sedum telephium*. Dieses Pflanzenbild drückt eine große Gelassenheit aus. Richtig temperamentvoll indes wirkt eine formale Pflanzung aus geschwungenen Bändern des knallroten Feuer-Salbei, *Salvia splendens*, mit seinen unzähligen gedrungenen Blütenkerzen und der im Gegensatz dazu breit gelagerten Buntnessel, *Solenostemon scutellarioides*.

Höhengestaffelt

Wenn der Betrachter bewundernd ausruft. „Ist das aber elegant!“, dann war die Pflanzung so komponiert, dass sie im ausgewachsenen Zustand, aber auch während des Austriebes eine perfekte Höhenstaffelung zeigt. Nach wie vor werden diese im Höhenaufbau perfekten Gestaltungen als besonders wohltuend empfunden. Eine Höhenstaffelung ist dann ideal, wenn die Pflanzen so hintereinander angeordnet sind, dass sich in der frontalen Betrachtung die jeweilig übereinander stehenden Blüten mit möglichst geringem Anteil an Laub und Stängeln präsentieren. (Blattschmuckpflanzen natürlich ausgenommen, denn sie werden ja mit ihrer Laubfarbe und -form als unverzichtbarer Bestandteil in das Pflanzenbild eingebunden.) Bei dieser Art der Anordnung sind im Vorfeld der Bepflanzung weit mehr Gedanken zu investieren als bei einer locker durchmengten Anordnung: Wenn die Höhenabfolge nicht ganz perfekt ist, dann entstehen beim Anblick der Komposition unschöne optische Löcher.

Besonders edel wirken höhengestufte Beete, wenn die Gruppen der einzelnen Pflanzen nicht zu knapp bemessen und in länglichen Formationen parallel oder leicht schräg zur Beetvorderkante angeordnet sind. Wenn Sie genügend Platz im Garten haben, wiederholen Sie einige der Gruppen, um den Blick über das Beet zu leiten. Nicht nur für eine gut abgestufte Bepflanzung ist das Spiel aus vertikalen, bogig überhängenden oder horizontalen Wuchsausrichtungen reizvoll. Zahlreiche betonte Vertikalen, wie sie durch reichlich Duftnessel, *Agastache*, oder Ehrenpreis, *Pseudolysimachion*, in der „obersten Etage“ entstehen, lassen das Bild eher flüchtig erscheinen. Kuppelähnliche und horizontal ausgeprägte Blüten von Stauden und Sommerblumen wirken hingegen beruhigend und gesetzt. Das ausgewogene Verhältnis der Wuchsausrichtungen und Formen zueinander bestimmt auch hier den Grad der Schwere oder Leichtigkeit, die einer Pflanzung eigen ist.

Pflanzungen, deren Höhe nach hinten zunimmt, präsentieren die Pflanzen am besten und die Fläche wirkt größer.

Innig verwoben

In den 80er-Jahren des letzten Jahrhunderts kam der Begriff des „Mille-fleurs" in Mode. Gemeint ist damit bis heute eine innig verwobene Pflanzung aus Stauden oder Sommerblumen.

Auf verschiedenen Wegen können diese Pflanzenbilder entstehen. Üblicherweise werden mehrere Exemplare verschiedener Arten und Sorten wahllos durcheinander gepflanzt. Unbefriedigende Ergebnisse sind typisch, ihre Ursache liegt in der Beliebigkeit dieser Technik. Daher ist es – oder sogar vor allem – bei „Mille-fleurs"-Pflanzungen wichtig, für eine Rhythmisierung zu sorgen. Am besten funktioniert dies entweder mit Blumen, die wesentlich größere Blüten als ihre Pflanzpartner der Umgebung tragen, oder mit markanten Blattschmuckpflanzen.

Setzen Sie Chef-Pflanzen zuerst in Ihr Beet, am besten in spannungsvoller Anordnung – mit ungleichen Abständen. Bei einer Sommerblumenpflanzung sind Schmuckkörbchen, *Cosmos bipinnatus*, und Spinnenblumen, *Cleome spinosa*, für Lila-Rosa-„Mille-fleurs" sehr gute Rhythmusgeber. Bei Stauden sind es natürlich vorrangig Gräser, die eine Fläche einteilen können, aber auch markante Protagonisten wie Taglilien, *Hemerocallis*. Erst dann sollten die verschiedenen Begleiter dazu gepflanzt werden.

Auch durch die Anordnung der Begleiter lässt sich die Spannung steigern, nämlich dann, wenn Sie zu den Chef-Typen Schwerpunkte durch eher größere und großblumigere Arten ausbilden. Die zarteren und kleineren Begleiter können in die dazwischen entstehenden Freiräume gepflanzt werden. So organisieren Sie über die gesamte Fläche verteilt optische Ruhepunkte.

Mit Farbe lässt sich ebenfalls eine verwobene Pflanzung akzentuieren. Nehmen Sie eine gelbe Ton-in-Ton-Pflanzung aus Zinnien, Sonnenhut, *Rudbeckia*, sowie Studentenblumen, *Tagetes*, und ergänzen Sie diese mit einigen purpurnen Ball-Dahlien. Das „Mille-fleurs" erhält so genau die Menge an Akzenten, die nötig ist, um die Komposition nicht langweilig erscheinen zu lassen.

Auch gemischte Pflanzungen brauchen Raumgliederung – hier erreicht durch die Blütenscheiben der Sonnenblume 'Valentin'.

Vertikalen im Blumenbeet

Aufstrebende Pflanzenfiguren wie Ehrenpreis, *Pseudolysimachion*, Duftnessel, *Agastache*, und Löwenmäulchen, *Antirrhinum*, sind gut geeignet, das Auge im Blumenbeet zu leiten. Sie gliedern durch ihr lineares Erscheinungsbild besonders stark, wirken umgekehrt jedoch filigran oder sogar flüchtig. Der Blick bleibt an diesen zarten, jedoch energischen Figuren nicht haften, sondern eilt weiter und erfasst das nächste Detail der Pflanzung. Für den Betrachter stellt sich dadurch eine gewisse Leichtigkeit und Eleganz ein – ganz im Gegensatz zu großen Blütenscheiben, sie vermitteln Behäbigkeit.

Die auffälligsten Vertikalen sind parallelnervige, unverzweigte Pflanzen. Allen voran die Schwertlilien, *Iris*, mit ihrer unermesslichen Arten- und Sortenvielfalt, die vom Vorfrühling *(I. danfordiae)* bis zum Frühsommer blühen – z. B. die zartblaue 'Clear Morning Sky' und die tiefblaue 'Dusky Challenger' (beides Sorten aus der Barbata-Elatior-Gruppe) oder *I. spuria*-Hybriden. Auch viele Gräser wie das Blauhaargras, *Koeleria glauca*, können Sie als vertikale Gliederungselemente verwenden, wenngleich sie oftmals zu straff aufrechten Blütenständen bogig überhängendes Laub tragen. Gräser bringen den Vorteil der Dauerhaftigkeit ein. Sie wachsen beständig das ganze Vegetationsjahr über und schließen es mit einer prächtigen Herbstfärbung ab, wie beispielsweise das Reitgras, *Calamagrostis* × *acutiflora* 'Karl Foerster'.

Ganz egal, ob es sich um eine Großstaudenpflanzung handelt oder um eine niedrig bleibende, trockenheitsliebende Kombination, für jedes Größenverhältnis gibt es Pflanzen, die sich als gliedernde Vertikalen eignen und frei oder streng formal eingesetzt werden können. Es ist durchaus wirkungsvoll, stattliche Exemplare von Chinaschilf, *Miscanthus*, frei in einem Beet zu verteilen, eine lineare oder streng formale Anordnung ist jedoch ebenso effektvoll.

Übrigens können Sie mit Vertikalen am Beetrand überraschende Bilder kreieren, denn hier wird doch üblicherweise eine buschig hängende Staude erwartet. Blütenkerzen wie die vom großblütigen Fingerhut, *Digitalis ferruginea* 'Gigantea', sowie von Lupinen, *Lupinus*-Polyphyllus-Hybriden, und Blut-Weiderich, *Lythrum salicaria*, sind ebenfalls wirkungsvolle Vertikalen im Staudenbeet.

Vertikalen wie die Blütenkerzen der Duftnessel, *Agastache*, und des Löwenmäulchens, *Antirrhinum*, verleihen Leichtigkeit.

Die Blütenköpfchen der Knautie sind klein, aber verleihen der Pflanzung optischen Halt.

Punkte im Blumenbeet

Von der Rhythmisierung eines Blumenbeetes ist im Kapitel „Rhythmen und Räume" immer wieder zu lesen, denn dies ist ein sehr wichtiger Faktor bei der Planung ästhetischer Pflanzungen. Wenn Sie nur verschiedene Farben oder Formen aneinander reihen, so mag daraus eine Gestaltung mit hoher Vielfalt entstehen, jedoch möglicherweise mit unzureichenden ästhetischen Qualitäten. Punkte im Blumenbeet tragen ebenfalls zum Rhythmus innerhalb einer Komposition bei, wenn auch auf ganz dezente Art und Weise – sie werden als „Haltestellen" der Gestaltung wahrgenommen. Natürlich stehen die an anderer Stelle schon beschriebenen Vertikalen für die Rhythmisierung an vorderster Stelle. Sie sind eindeutig einsetzbar, sofort erkennbar und spürbar. Punkte dagegen sind die „heimlichen" Rhythmusgeber, sie verschmelzen stärker mit ihrem Umfeld und sind daher nicht direkt zu erleben.

Punkte können ganz einfach aufgefasst alle ballförmigen Blüten sein, also verschiedene Zierlauchsorten wie *Allium aflatunense, A. christophii oder A.* 'Mount Everest' sowie Stauden, z. B. die Knautie, *Knautia macedonica*.

Für größere Rabatten bieten sich Sträucher mit ballförmigen Blüten, wie der Koreanische Duft-Schneeball, *Viburnum carlesii*, oder Ball-Hortensien – beispielsweise *Hydrangea arborescens* 'Annabelle' – an. Außerdem alle stark rundlichen Blütenstände wie die Knäuel-Glockenblume, *Campanula glomerata*, oder das Helmkraut, *Scuttelaria*.

Besonders reizvoll ist es, unterschiedliche Blütengrößen rundlich blühender Blüten miteinander zu kombinieren. Stellen Sie sich ein Stück Sommerblumenbeet vor aus weißen, einfach blühenden Zinnien, *Zinnia angustifolia* 'Star White', und blassviolettem Eisenkraut, *Verbena rigida*, zusammen mit etwas höheren, gefüllt blühenden Zinnien, *Zinnia elegans* 'Lancelot Rosa' und 'Oklahoma Violett', sowie mit einigen blauen, kleinblütigen Sommerastern, *Callistephus*. Diese Pflanzung wirkt insgesamt ruhig. Tauchen nun an gezielter Stelle die etwas größeren Blüten der gleichen Wuchsform, von *Zinnia* 'Dahlienblütige Riesen' oder Krallenastern, *Callistephus*, auf, so wird die Gestaltung für den Betrachter merklich besser erfassbar.

Blütenscheiben und Blütenkuppeln

Die Knorpelmöhre, *Ammi majus*, hat ebenso ruhig wirkende Blütenscheiben wie die Schafgarbe, *Achillea*.

Blütenscheiben bringen große Ruhe in ein Blumenbeet. Egal ob es sich um die bis zu 20 cm breiten scheibenähnlichen Blüten des Wasserdosts, *Eupatorium cannabinum*, in einer Großstaudenpflanzung handelt oder kleinere Schafgarben, wie *Achillea clypeolata* 'Schwellenburg', mit rund 5 cm großen, zitronengelben Scheiben zwischen dunkelblauem Steppen-Salbei, *Salvia nemorosa* 'Blauhügel'.
Blütenscheiben ziehen den Blick des Betrachters an und halten ihn für eine Weile fest. Dies liegt an ihrer horizontalen und damit stabil wirkenden Ausrichtung. Aber auch daran, dass Blütenscheiben meist größer wirken als die sie begleitenden Pflanzen. Die Blütenscheiben stellen sozusagen das Gegenstück zu den Vertikalen im Blumenbeet dar. Jene wirken flüchtig und leicht, die Scheiben dagegen behäbig und ruhig. Je nachdem, mit welcher Menge der einen oder anderen Wuchsform Sie Ihre Pflanzung würzen, entwickelt sich der Charakter der Pflanzung.
Eine Komposition auf einem eher mageren Standort aus graulaubigen Stauden, wie Edel-Raute, *Artemisia arborescens* 'Powis Castle', Heiligenkraut, *Santolina chamaecyparissus*, und Lavendel, *Lavandula angustifolia* 'Dwarf Blue', wirkt filigran und leicht. Fügen Sie aber noch die Schöne Fetthenne, *Sedum spectabile*, in ihrer rosa Sorte 'Rosenteller' dazu, so erhält die Kombination eine starke Gliederung mit behäbiger Ausstrahlung.
Besonders auffällige Blütenscheiben tragen Doldenblütler wie die Knorpelmöhre, *Ammi majus*.
Nicht ganz so behäbig wirken Blütenkuppeln, bringen aber ebenso Ruhe in ein Blumenbeet. Die Blütenkuppel par excellence bieten dabei die hohen Arten der Flammenblume *(Phlox amplifolia, P. maculata, P. paniculata, P. × arendsii)*. Sie blühen – je nach Sorte – von Juli bis September und zeigen ihre Blüten von Weiß über Zartrosa bis hin zu Violett, Lachsrot und Orangepink in Höhen von 60–140 cm.
Gerade romantische Pflanzungen aus innig verwobenen Stauden wie Storchschnabel, *Geranium*, Ziest, *Stachys*, oder Präriemalve, *Sidalcea*, und Indianernessel, *Monarda*, können Sie mit rhythmisch über das Beet verteilten Phlox-Gruppen gliedern. Im Frühling liefert die Nachtviole, *Hesperis matronalis*, die begehrten Blütenkuppeln.

Bögen

Ein attraktives Staudenbeet entsteht mit der Auswahl der richtigen Pflanzenpartner, ihrer rhythmisierten, räumlichen Anordnung – in Abstimmung mit einem Farbkonzept. Langeweile kommt beim Betrachter auf keinen Fall auf, da die Gestalt des Beetes und die vielen bezaubernden Details das Auge lenken. Ein wichtigstes Stilmittel ist die bereits ausführlich beschriebene Rhythmisierung durch Leitstauden und Chef-Typen, aber auch durch Blütenformen wie Kerzen oder Scheiben. Zusätzlich sind auch bogig überhängende Pflanzen bestens dazu geeignet, das Auge des Betrachters zu führen.
Ein schönes Beispiel für Bögen in einer Pflanzung ist die herbstliche Komposition mit ein paar Waagerechten Herbst-Astern, *Aster lateriflorus* var. *horizontalis* 'Lady in Black'. Ihre ausladenden Zweige nehmen die Richtung der Blickachse auf. Auch die Goldbandrute, *Solidago caesia*, besitzt ebenfalls diese dynamische Eigenschaft; sie kann gut in Verbindung mit anderen gelben Herbstblühern eingesetzt werden. Das Diamantgras, *Achnatherum calamagrostis*, hat besonders sanft überhängende Ähren. Mit ihnen können Sie ebenfalls eine „richtungsweisende" Gestaltung vornehmen. Beiderseits flankierend zu einer Gruppe ruhiger, asternblütiger Stauden gepflanzt, führen sie den Blick des Betrachters elegant weiter –

Ob Blaustrahl-Wiesenhafer, *Helictotrichon sempervirens*, oder Salomonsiegel, *Polygonatum* 'Weihenstephan', Bögen leiten Blicke weiter.

beinahe wie die im Tanz versunkene Ballerina mit ihrer gerundeten, anmutigen Armhaltung. Im Schatten übernimmt beispielsweise der Salomonsiegel, *Polygonatum*, eine solche Aufgabe. Bogig überhängende Stauden zur Gliederung des Blumenbeetes verleihen dem Beet eine weitaus sanftere Ausstrahlung als die an verschiedener Stelle schon erwähnten Vertikalen. Sie sollten sie daher für Gestaltungen in Erwägung ziehen, die weich und fast diffus wirken.

Bodenständigkeit

Einige Pflanzungen wirken flüchtig, sie entsprechen dem Gegenteil von einer bodenständigen Pflanzung. Situationsgebunden ist so etwas gewollt, zum Beispiel, wenn das Gartenbild besonders duftig wirken soll. Ab und zu aber werden Sie beim Anblick einer Rabatte das Gefühl nicht los, dass die Stabilität fehlt, die beispielsweise für eine Rahmensituation angemessen wäre. Das liegt dann oft daran, dass ausschließlich die Blütenfarben der Stauden und Sommerblumen in die Gestaltung einbezogen werden, nicht jedoch deren Laubfarben. Üblicherweise sind Stauden und Sommerblumen grünlaubig. Die Blütenfarbe taucht eher schwebend über einer mal kompakten, mal feingliedrigen Blattmasse auf, oftmals auch mit einer großen Distanz zwischen Laub und Blüten. Selbst wenn wir voraussetzen, dass die Pflanzung höhengestaffelt gegliedert ist, also vor einer hohen Staude wie etwa der Indianernessel, *Monarda*, wenigstens eine Gruppe von Storchschnabel, *Geranium magnificum*, anzutreffen ist, reicht dieser Verbund oft nicht aus, um Solidität zu erzeugen.

Wenn Sie nun gezielt, einer in der Höhe befindlichen Blütenfarbe, eine ähnliche Laubfarbe als Ergänzung in den Beetvordergrund setzten, dann erhält das Pflanzenbild die gewünschte Bodenständigkeit. Besonders eindeutig wird die Situation, wenn die Blüte der Laubschmuckpflanze ebenfalls im gleichen Farbklang blüht.
Ein Beispiel: Im Beetvordergrund erglüht das Purpurglöckchen, *Heuchera* 'Rachel', mit rotem Laub und lachsfarbenen zarten Blütenglöckchen. Als Überleitung zum Beethintergrund können Sie eine Gruppe des auch im abgeblühten Zustand noch attraktiven Salbei, *Salvia nemorosa* 'Wesuwe', pflanzen. Seine dunkel gefärbten Stängel unterstützen die Bodenhaftung der gesamten Pflanzenkomposition. Dahinter befindet sich der lachsfarbene Fingerhut, *Digitalis × mertonensis*, der die Blütenfarbe der *Heuchera* wiederholt. Die Blütenstängel des im Hintergrund gepflanzten Knöterichs, *Aconogonon alpinum* (syn. *Polygonum polymorphum*), greifen den Farbklang Rot-Lachsfarben ebenfalls nochmals auf.

Der rosa Hauch des Knöterichstängels wiederholt sich im Laub und den Blüten des Purpurglöckchens.

Weniger ist mehr

Sie kennen dieses Erlebnis: Im Restaurant haben Sie sich ein feines Stück Fisch bestellt, doch an den zugehörigen Blattspinat wurden, gut gemeint, noch ein paar Speckwürfelchen gegeben, die Buttersoße mit Kapern verfeinert und die Kartoffeln in Salbeiblättern geschwenkt. Aus dem dezenten Geschmack, den Sie sich erhofft hatten, wurde eine überladene Mischung. Bei Kleidung und Wohnungseinrichtung ist das nicht anders und auch für ein stilvolles Pflanzenbild lässt sich daraus folgern, dass die Reduktion auf das Wesentliche Voraussetzung für den Genuss ist. Eine unpassende Pflanze kann das Fest für die Augen verderben.

In einer Gruppierung von Sonnenhut, *Rudbeckia*, Schafgarbe, *Achillea millefolium* 'Walter Funcke', und Goldrute, *Solidago rugosa* 'Fireworks', würde eine Flammenblume, *Phlox × arendsii* oder *P.-amplifolia*-Sorten, durch ihren weitaus eleganteren Charakter ausgesprochen störend wirken. Besser wäre es, diese Kombination mit Fackellilie, *Kniphofia*, oder Brandkraut, *Phlomis*, abzurunden. Das reduzierte Pflanzenbild für den Halbschatten aus weißblühender Elfenblume, *Epimedium × youngianum* 'Niveum', schmalblättriger Funkie, *Hosta* 'Lancifolia', und *Smilacina racemosa*, ist in sich stimmig. Eine Buchskugel vervollständigt dessen Wirkung, doch weitere Zutaten wie Astilben oder Geißbart, *Aruncus*, würden das Bild nicht unbedingt steigern. Auf einem trockenen Standort ist die weiß blühende Fetthenne, *Sedum spectabile* 'Stardust', zum Perlkörbchen, *Anaphalis triplinervis*, Edel-Raute, *Artemisia schmidtinana* 'Nana', und Atlas-Schwingel, *Festuca mairei*, gesetzt. Weißer Steppen-Salbei, *Salvia nemorosa* 'Adrian', könnte die Blütenphase der Kombination verlängern. Mehr ist nicht nötig, um einen perfekten Pflanzabschnitt anzulegen.

Haben Sie den Mut, aus nur wenigen Elementen eine Pflanzung zu kreieren. Das ist oft weitaus befriedigender, als eine Sammlung vieler unterschiedlicher Stauden und Sommerblumen anzulegen.

Mit geringsten Mitteln lassen sich ausgesprochen attraktive Pflanzenbilder kreieren.

Zeiten
vom Werden und Vergehen

Der Jahresverlauf, den ein Beet nehmen sollte, wird ausführlich in der Gartenliteratur beschrieben. Dem ist nicht viel hinzuzufügen. Daher ist in diesem Buch der Abschnitt über die Jahreszeiten knapp gehalten.
Allerdings werden einige Aspekte im Jahreslauf zu wenig beachtet: Es geht schließlich darum, zu verdeutlichen, dass verschiedene „Gestaltungs-Schichten" gleichzeitig berücksichtigt werden müssen, um ein ganzjährig gelungenes Bild zu entwickeln.
Meist steht die Blütenfarbe im Vordergrund, doch runden gerade die versteckten und feineren Merkmale der Pflanze die Gestaltung richtig ab – wie der Austrieb eines Blattes oder die Art und Weise des Welkens. Nicht nur bezogen auf die einzelne Staude, sondern in Anbetracht des Miteinanders werden diese eher versteckten Aspekte oftmals unterbewertet.
Durch stetes Beobachten werden Sie an vielen Stauden jahreszeitlich begrenzte Eigenschaften entdecken, die sich lohnen, in die Konzeption des Beetes einbezogen zu werden. Es bedarf Disziplin, da man – den Weg des geringsten Aufwandes folgend – die oben aufgezählten, natürlichen Aspekte einer Pflanze als den schwierigsten Gestaltungspart empfindet. Es verlangt Kenntnis und Vorstellungsvermögen, diese lohnenden Details in eine Pflanzung einzubeziehen. Das Ergebnis ist ein Stück Pflanzenkunst, das mit der Dramaturgie eines Theaterstücks vergleichbar ist. Doch wie schreiben und erschaffen Sie den Text für dieses Stück? Fläche für Fläche und Rolle für Rolle wenden Sie sich den „Feinheiten" im Lebenslauf Ihrer Protagonisten zu. Das große Finale im Garten erarbeiten Sie sich, nachdem Sie alle anderen Parameter, wie Sortimentszusammenstellung, Farbwahl, Rhythmus, Beeteinteilung und Charakter der Pflanzung, durchdacht haben.

Stauden und Sommerblumen bieten auch beim Treiben und Vergehen interessante Gestaltungsbilder.

Im Frühjahr ist es wichtig, Schwerpunkte zu setzen, hier eine Kombination aus Blumenzwiebeln und Stauden.

Gepflanzte Frühjahrsblumensträuße

Nach dem langen Winter sehnen wir uns nach Farbenfreude – nicht umsonst sind im April so viele Gärten mit der schrillen Kombination aus Forsythien und Blutpflaumen, Gämswurz und roten und gelben Darwin-Tulpen geziert.

Meist stehen die Tulpen dabei auf offenem Boden, um sich in voller Länge zu präsentieren. So wirken Tulpen wie Fremde im Garten. Wenn Sie jedoch ein paar Kniffe berücksichtigen, dann finden Tulpen wie selbstverständlich zwischen Stauden Platz, um für zauberhafte Frühlingsbilder zu sorgen.

Wichtig ist dabei, die Tulpen im Herbst dicht zu solchen Stauden zu pflanzen, die sehr früh im Jahr treiben oder sogar blühen. Bis die Vielfalt der Einfachen Frühen Tulpen, Gefüllten Späten Tulpen, Triumph-Tulpen, Papageien-Tulpen oder Lilienblütigen Tulpen sichtbar wird, zeigen sich etliche Stauden schon mit kräftigem Blättergewand und teilweise auch mit Blüten. Die weiße Lilienblütige Tulpe 'White Triumphator' wirkt dabei besonders elegant zusammen mit graulaubigen Stauden wie Katzenminze, *Nepeta*, Storchschnabel, *Geranium renardii*, oder dem filigranen Laub treibender *Aster sedifolius* 'Nanus'. Progressiv dagegen ist die Kombination der orangepurpur geflammten, auch in der Blumenvase lange haltbaren Triumph-Tulpe 'Princess Irene' zur Himalaja-Wolfsmilch, *Euphorbia griffithii* 'Fireglow'.

Sie können „gepflanzte Blumensträuße" kreieren, wenn die Tulpen so dicht an die Stauden gesetzt stehen, dass sie sich zu deren Blüten gesellen. Etwas ungewöhnlich, aber ausgesprochen attraktiv, ist die Verbindung der Einfachen Frühen Tulpe 'General de Wet' mit Mandel-Wolfsmilch, *Euphorbia amygdaloides*. Richtig romantisch dagegen die Ausstrahlung der Triumph-Tulpe 'Meißener Porzellan' mit Trändendem Herz, *Dicentra spectabilis*, oder der Gefransten Tulpe 'Blue Heron' zusammen mit der Einfachen Späten Tulpe 'Menton' zur Roten Lichtnelke, *Silene dioica*.

Neben der schönen Optik zur Blütezeit hat die enge Verbindung von Stauden und Tulpen noch den Vorteil, dass die nach der Blüte langsam absterbenden Tulpenblätter wunderbar versteckt werden. Die Tulpen können in aller Ruhe einziehen, um im nächsten Jahr erneut, wenngleich farblich schwächer, zu blühen.

Die treibende Prachtscharte, *Liatris spicata*, wirkt wie Palmwedel. Besonders apart dazu die treibenden Knöpfchen der Heiligenblume, *Santolina chamaecyparissus*.

Zeit des Treibens

Der entscheidende Zeitpunkt einer Pflanzenkombination ist die Hauptblütezeit, in der ein klares Bild erkennbar und die gewünschte Stimmung eindeutig erlebbar sein sollte. Doch bis dahin vergeht eine Übergangsphase, in der sich die Pflanzung nach und nach aufbaut und die Stauden oder Sommerblumen peu à peu ihre Besonderheiten und Feinheiten präsentieren. In dieser Zeit entstehen die besonderen Bilder durch das Miteinander der Pflanzen.

Betrachten Sie die Prachtscharte, *Liatris spicata*: Zur Hauptblütezeit ragt aus einem mit lanzettlichen Blättern spärlich bewachsenen Stängel eine magenta oder weiße Blütenkerze empor. Während der Zeit des Austriebes wirken die aufrechten Stängel jedoch wie kleine Palmwedel, dicht an dicht stehen die Blättchen. Dazu zeigt das Heiligenkraut, *Santolina virens*, seine unzähligen runden, noch geschlossen Blütenknospen-Knöpfchen.

Nicht nur im Frühling, sondern bis weit in den Spätsommer hinein, sind *Aster sedifolius* 'Nanus' und die recht wenig bekannte Boltonie, *Boltonia asteroides*, aufsehenerregende Partner. Beide, die Aster mit etwa 35 cm Wuchshöhe und die Boltonie mit über einem Meter, wirken beinahe wie ein Gehölz, wie Buchs oder Eibe – so kompakt und geschlossen ist ihr Pflanzenaufbau über mehrere Monate. Dazu passen große gelappte Blätter, wie die vom graulaubigen Storchschnabel, *Geranium renardii*.

Während des Treibens im Frühling und Sommer findet nicht nur eine faszinierende Formenentwicklung statt, sondern auch die Farben zeigen sich mit ihrem reichen Gestaltungspotenzial. Die Färberkamille, *Anthemis tinctoria*, ist hierfür ein hervorragendes Beispiel: Zur Hauptblütezeit leuchten dicht an dicht, je nach Sorte, cremegelbe bis goldgelbe Körbchenblüten.

Aber bevor sich die Blüten öffnen, trägt die Färberkamille chromdioxidgrüne Knospen, die in ihrer Massierung ein eigentümliches Leuchten entwickeln, das sich mit einer blauen Ergänzung wie Lavendel, *Lavendula angustifolia*, besonders mystisch zeigt. Die Ausrichtung der Blütenkerzen des Lavendels bildet zu den Färberkamillenknospen einen stilvollen Kontrast.

Abgeblühter Storchschnabel wirkt attraktiv zum Blut-Weiderich, *Lythrum*, und zum Ehrenpreis, *Pseudolysimachion*.

Zeitgleich

Der Traum eines jeden Pflanzenliebhabers wäre erfüllt, wenn zu jeder Jahreszeit ein Teil des Gartens in Blüte stünde – sodass der Blütenrausch das ganze Jahr über, am liebsten noch in den unterschiedlichsten Pflanzenbildern, nicht abreißt. In dieser Wunschvorstellung könnte beispielsweise das Jahr von einem opulenten Frühlingsgarten eingeleitet und von einem romantischen Junigarten in Rosa-Lila abgelöst werden. Schließlich sollte an einem anderen Ort der feurige Sommergarten in Gelb und Orange das Auge verwöhnen. Doch nur allzu selten ist Platz für eine solche Vielfalt von Gartenthemen. Die einzelnen Höhepunkte werden zu einer bestimmten Jahreszeit erreicht und bieten vor und nach dem Hauptblütenrausch nicht mehr viel. Auch verfügt kein Florenreich über solche ganzjährig blühende Pflanzen. Trotzdem brauchen Sie Ihren Traum nicht vollständig aufzugeben – Stauden bieten ihren eigenen Zeitablauf, den Sie einbeziehen können.

Wie Sie in den Kapiteln „Die Zeit des Treibens" und „Die Zeit des Sterbens" lesen können, ist eine Pflanzung auch ohne jegliche Blüten attraktiv. Doch auch in Verbindung mit perfekt blühenden Stauden liefern die anderen „Aggregatzustände" einer Pflanzung gute Gestaltungsmöglichkeiten. So kann ein ansprechendes Miteinander von treibenden, blühenden, verblühten oder vergehenden Stauden geschaffen werden.

Der Pracht-Storchschnabel, *Geranium × magnificum*, zeigt seine ganze Blütenpracht im Juni. Danach ist er weiterhin mit seinen Fruchtständen und weichen Blättern im Beetvordergrund ein attraktiver Partner zu den erst im Juli voll erblühten Stauden wie Blut-Weiderich, *Lythrum salicaria* 'Feuerkerze', und Ehrenpreis, *Pseudolysimachion longifolium*. Für den Beethintergrund hingegen eignen sich groß aufragende und spät blühende Stauden wie Raublatt-Astern, *Aster novae-angliae*, oder Vernonien, *Vernonia arcansana* (syn. *V. crinata*). Beide setzen durch ihr frisch wirkendes Laub die davor platzierten und blühenden Stauden in Szene. Erscheinen dann schließlich die Blüten der Astern, so werden diese angenehm kontrastiert von den inzwischen abgeblühten, aber immer noch straff aufrechten Blütenkerzen, der vor ihnen gepflanzten Stauden sowie der Herbstfärbung des Storchschnabels.

Mit späten Blüten, färbenden Stauden und abgeblühten Blütenstauden lässt sich der Gartenherbst verlängern.

Langer Herbst im Staudenbeet

Ein Staudenbeet gewinnt an Attraktivität, wenn die Blütezeit weit in den Herbst hineinreicht. Die mögliche Vielfalt zum Ende des Blütenjahres ist nicht zu verachten. Allen voran sind es die Herbstastern wie die Raublatt-Aster, *Aster novae-angliae*, oder die Glattblatt-Aster, *Aster novi-belgii*, die für Weiß-, Rosa- und Lilatöne sorgen. Den Beitrag in Gelb leisten Sonnenblumen, wie die zitronengelbe *Helianthus microcephalus* 'Lemon Queen' oder die Goldbandrute, *Solidago caesia* sowie *Solidago rugosa* 'Fireworks' bei der auf bogig überhängenden Zweigen, besetzt mit weidenähnlichen Blättchen, eine Fülle von kleinen, gelben Blütchen sitzen.
Neben der Blütenfarbe ist die Laubfarbe der Stauden im Herbst ein sehr wichtiger Gestaltungsfaktor. Dabei überraschen viele Stauden mit einer herrlichen Herbstfärbung wie dem Orangerot des Entenschnabels, *Lysimachia clethroides*, dem Goldgelb von manchen Funkien, *Hosta* 'Elata' und den von Orange nach Purpur und Braun changierenden Blättern vieler Storchschnabel-Sorten. Eine Steigerung bietet das leuchtende Scharlach-Orange der Himalaya-Wolfsmilch, *Euphorbia griffithii* 'Dixter'. Auch der Sibirische Storchschnabel, *G. wlassovianum*, und der Himalaya-Storchschnabel, *G. himalayense* (syn. *G. grandiflorum*), erfreuen uns mit kräftiger, oranger Herbstfärbung. Planen Sie herbstfärbende Stauden gezielt rhythmisch angeordnet in Ihre Staudenkompositionen ein. Damit lässt sich auch in dieser späten Jahreszeit ein Beet sehr gut gliedern.
Zum Ausklang des Gartenjahres wird leider nur allzu selten bedacht, dass vor allem der Habitus verblühter und

unscheinbar blühender Pflanzen bestens in die Gestaltung der Blumenbeete eingebunden werden können. Wenngleich die Edel-Raute, *Artemisia ludoviciana* 'Silver Queen', zu den schlimmsten Wucherern zählt, so ist sie jetzt mit den straff aufrechten, hellgrauen Trieben ein idealer Partner zu natürlich-verwildert wirkenden Astern, wie *Aster cordifolius*, und kann einen Beetabschnitt im Herbst durchaus bestimmen.

Der Herbst präsentiert sich weniger opulent als der Frühsommer und Hochsommer, seine Töne sind leiser. So ist es auch für die Gestaltung des Staudenbeetes wichtig, die Stilmittel Blütenfarbe, Blattfarbe und Wuchsform so einzusetzen, dass die Komposition nicht überfrachtet wird.

Die abgestorbenen Blütenstängel der Prachtscharte und die letzten Blütenköpfchen des Perlkörbchens zieren bis zum Winter das Beet.

Zeit des Sterbens

Das Ende im Pflanzenjahr darf gestalterisch nicht vergessen werden. Alle renommierten Kollegen, allen voran Piet Oudolf, beziehen diese Phase in ihre Planungsgedanken mit ein. Und auch dies zu Recht, da starke Reize vom Jahresausklang ausgehen. Bei Gehölzen ist es für den Gartenfreund ein Selbstverständnis, neben Wuchs und Blüte auch über die Herbstfärbung nachzudenken. Ein nahezu rosa gefärbter Spindelstrauch, *Euonymus alatus*, hat schon etwas Sensationelles. Bei Stauden indes ist selbst im Herbst noch für viele die Blüte das wichtigste Merkmal. Nicht von ungefähr, gibt es doch viele reizvolle Stauden, die bis zum Einsetzen der Fröste mit stattlichem Blütenzauber aufwarten, wie Boltonien und Herbst-Chrysanthemen. Doch gerade die unspektakulären, erst auf dem zweiten Blick erkennbaren Feinheiten des Herbstes können dem Beet einen eigenen Zauber verleihen. Wie an vielen Stellen dieses Buches zu lesen, ist die Kombination mit vertikal ausgerichteten Stauden besonders geeignet, um eine Fläche zu rhythmisieren. Und dies nicht nur während der Blütezeit, sondern auch am Ende des Gartenjahres ohne jede Blüte. Einige Stauden wie die Prachtscharte, *Liatris spicata*, oder der Kandelaber-Ehrenpreis, *Veronicastrum virginicum*, lassen sich von der Witterung nicht beeindrucken und behalten ihren straffen Wuchs lange Zeit bei, fast bis ins nächste Frühjahr. Zusammen mit Perlkörbchen, *Anaphalis triplinervis*, und Blaustrahl-Wiesenhafer, *Helictotrichon sempervirens*, bilden die Prachtscharten ein perfektes Spätherbstbild. Umgekehrt behalten auch manche Ruhepole, wie die Fetthenne, *Sedum telephium* und *S. specatabile*, für sehr lange Zeit ihre das Staudenbeet gliedernde Wuchsform. Abgeblühte Schafgarben sind zusammen mit den quirlförmig angeordneten, nunmehr fast schwarzen Blütenständen des Brandkrautes, *Phlomis russeliana*, im abgestorbenen Zustand ein ebenso perfektes Paar wie die Kugeldistel, *Echinops*, zum Perlgras, *Melica ciliata*.

Mehr über die Gärten und Gärtner

In diesem Buch sind ausschließlich selbst entworfene Pflanzungen zu sehen, mit Ausnahme der Bundesgartenschau (BUGA) Potsdam, bei der Christian Meyer, Berlin, und ich gemeinsam arbeiteten. In diesem Kapitel stehen die Gestaltungsaufgaben und die Rahmenbedingungen der einzelnen Bepflanzungen im Mittelpunkt. Schließlich ist der Zusammenhang von Ort und Pflanzung maßgeblich für die Qualität des Ergebnisses.

Internationale Gartenschau Rostock 2003

Rund 12 000 m^2 Freifläche gestalteten Planer mit Sommerblumen und Stauden im Rahmen des *Gärtnerischen Ausstellungswettbewerbes Freilandzierpflanzen*. Der Weg dahin ist lang und beginnt damit, dass viele gärtnerische Betriebe – in Rostock waren es knapp 70 – nach einem höchst komplizierten Regelwerk Pflanzen anbieten, die Planer zu einem Gestaltungskonzept zusammenfügen müssen. Die Regel sagt, dass der Planer eine festgelegte Mindeststückzahl je Art und Sorte und eine bestimmte Sortenanzahl einhalten muss, erst dann kommt der Gärtner in die engere Wahl für die begehrten Medaillen, die seine Pflanzen prämieren. Der Planungsauftrag für 7 000 m^2 ging an Christian Meyer, Berlin, und unser Büro, die Flächen haben wir aufgeteilt und einen Teil davon gemeinsam erarbeitet (S. 30,

Links: Internationale Gartenschau Rostock 2003
Rechts: Landesgartenschau Mosbach 1997

83). Alle anderen Fotos von der IGA Rostock (Seite 37, 38, 41, 46, 47, 55, 60, 61, 66, 68, 73, 91, 108, 112, 119, 122, 124, 125, 128) zeigen Pflanzungen, die das Büro Orel geplant und gestaltet hat. Um den gärtnerischen Erwartungen und der Vielfalt der ausgewählten Pflanzen gerecht zu werden, inszenierten wir Themen, wie Farben, Charaktere oder asternblütige Pflanzen. Die Pflanzungen lagen im Freigelände der neuen Messe Rostock und sind nicht mehr erhalten.

Landesgartenschau Mosbach (Baden) 1997

Das Gartenschaugelände liegt neben der Mosbacher Altstadt. Teile der Gehölz-, Stauden- und Sommerblumenpflanzungen pflegen nach wie vor ortsansässige Gärtner. Die Besucher, Bürger und Bürgerinnen genießen die Anlagen und ihren guten Pflegezustand. Das Büro Knoll, Sindelfingen, hat mich für diese Aufgabe als Fachplanerin gewonnen. Von 1993 an planten wir, erste Pflanzen wurden schon 1995 gesetzt, schließlich sollte sich dieses Gartenschaugelände als reifer Garten präsentieren. Die teilweise gewachsenen, vielfältigen Parklandschaften des Geländes erlaubten ungewöhnlich vielfältige Pflanzenkompositionen: heckenumfriedete Bürgergärten entstanden, die unterschiedliche Themen aufgriffen, wie den impressionistisch anmutenden Garten, oder einen Kolkwitzien-gesäumten Weg. Des Weiteren entstanden ein Blattstrukturen-Garten oder pflegeleichte Schattenpflanzungen. Einige Pflanzungen haben sich sehr gut entwickelt, andere veränderten sich durch den hohen Nutzungsdruck, der im öffentlichen Raum herrscht, und durch die Pflege, die den Beeten zuteil wird. Dies ist ein absehbarer Prozess im öffentlichen Raum, der von Landschaftsarchitekten so selbstverständlich erwartet wird wie der Salzgeschmack bei einer deftigen Suppe. Aus dem Sommerblumenparterre für sechs nacheinander gepflanzte Blumenbilder zeigen wir Ihnen den Abschnitt „Sonnenanbeter". Die ganze Pflanzung existiert nicht mehr – der Unterhalt wäre zu aufwändig.

Betrachten Sie die „Sonnenanbeter" und die anderen Bilder aus Moosbach auf den Seiten 12, 36, 50, 51, 56, 65, 75, 99, 103, 109, 140 und 141.

Garten Orel

Der eigene Garten ist für einen Pflanzenliebhaber immer zu klein – und dieser sowieso. Er liegt in einem fränkischen Neubaugebiet und misst 750 m² Hanggelände. Wohnhaus mit Büro und Garage teilen sich mit lauter kleinen Pflanzstreifen das Terrain, in denen verschiedene Pflanzenkombinationen wachsen dürfen. Nachdem

Oben: Garten Rasch
Unten: Landesgartenschau Trier 2004

der Garten aber verschiedene Standortbedingungen anbietet, finden sich diverse Pflanzenthemen, die naturgemäß experimentierfreudig ausfallen, aber auch freundlich und wohltuend wirken. Schließlich ist dies der Garten für eine ganze Familie und nicht nur gärtnerisches Testfeld. Im Herbst 1996 wurde er angelegt und seitdem immer wieder verändert und ergänzt.

Einen Eindruck davon bekommen Sie auf den Seiten 2, 14, 15, 21, 22, 23, 32, 33, 79 und 130.

Garten Rasch

In Effeltrich bei Erlangen liegt ein 1 500 m^2 großer Garten ... Wir lernten uns bei einem Seminar in Grünberg kennen, nur ein paar Tipps für Ihren Garten wollte Ilse Rasch, die Gartenbesitzerin. Aus den Tipps wurde dann eine Umgestaltung. Ein Gartenteil entstand neu, der nun den herrlichen Obstbaumbestand einbindet. Ilse Rasch ist eine leidenschaftliche Gärtnerin, die den Raum des gestalterischen Konzepts dynamisch nutzt und sich ihn auf vielfältige Weise – durch große Experimentierfreude – immer wieder aneignet. Im Garten überwiegen halbschattige Standorte, doch genügend Licht und Wärme für Rosen und sonnenliebende Stauden ist dennoch immer da. Im Juni wird der Garten an einem Wochenende geöffnet.

Bilder aus Ilse Raschs Garten erwarten Sie auf den Seiten 18, 19 und 54.

Landesgartenschau Trier 2004

1 200 m^2 Staudenpflanzung und 4 000 m^2 Wechselflor – mit diesen Flächen präsentierte sich 2004 die

zweite Rheinland-Pfälzische Landesgartenschau in Trier. Der inhaltliche Schwerpunkt der Ausstellungsbeiträge und Veranstaltungen orientierte sich an dem Thema „die vier Elemente“ – auch unsere Pflanzungen gestalteten wir unter diesem Motto. Die Pflanzenkompositionen greifen die Stimmungen auf, die Feuer, Wasser, Erde und Luft vermitteln.

Derzeit wird beabsichtigt, die Staudenflächen zu erhalten. Auf Wunsch des Planungsbüro Ernst, Trier, das die gesamte Gartenschau plante, konnten wir als Fachplaner die Gestaltung der Pflanzflächen übernehmen.

Empfinden Sie die vier Elemente nach auf den Seiten 4, 17, 26, 57, 69, 97, 102, 110, 121 und 139.

Landesversuchszentrale Wies, Steiermark, Österreich

Die Versuchsfläche liegt südlich von Graz, kurz vor der slowenischen Grenze. Das Klima ist dort mild und einige Pflanzen wachsen opulenter als wir es gewohnt sind. Im Jahr 2003 sollten rund 500 m^2 mit markanten Sommerblumenpflanzungen unterschiedlicher Schwierigkeitsgrade gestaltet werden. Für das Jahr 2004 entstanden Kompositionen aus Gemüse und Sommerblumen.

Ein Fest für die Augen bieten Ihnen die Seiten 74 und 120.

Landesgartenschau Kronach 2002

Auf sanierten, von Altlasten befreiten Flächen entstanden weite Teile der Landesgartenschau Kronach. Eine Pflanzung von 4000 m^2, mit der sich die Schau präsentieren wollte, sollte die Vergangenheit und die Zukunft der revitalisierten Landschaften darstellen. Die Landesgartenschau beauftragte uns auf rund 2000 m^2 mit der Aufgabe die Erinnerung pflanzlich um zu setzten und so formulierten wir mit einer provokanten Komposition die „Störthematik“. Doch erhalten blieb sie nicht. Die Staudenflächen im Stadtpark jedoch werden weiterhin von der Stadt Kronach gepflegt.

Wie das Thema Störung provozierend gepflanzt werden kann zeigen Ihnen die Seiten 35, 52, 63, 80, 86, 92, 96, 100, 104, 107 und 144.

Bundesgartenschau Magdeburg 1999

Zum ersten Mal waren wir mit einer Bundesgartenschau betraut, etwa 11 000 m^2 Wechselflorflächen waren vorgesehen – darunter auch einige Flächen, die Stauden aufnehmen sollten. Wie bei der IGA Rostock so auch hier in Magdeburg – das Wunschsortiment wurde von den ausstellenden Gärtnern nach einem komplizierten Regelwerk ermittelt. Die Fülle der Pflanzen verteilten wir auf verschiedene Flächen, die sich – inspiriert durch den Geist des Ortes – als sinnfällig ergaben. Auf diese Weise entstand ein „Farbenwasserfall“, das einem Wasserfall nachempfundene dramatische Farbschauspiel, von Gelb über Orange, Rotviolett nach Blau. Dabei liegt der gelbe Farbraum der Sonne zugewandt, der blaue geht in den sogenannten Pappelsee über. Auch ein Garten, der spielerisch subjektiv Farben, Formen und Gerüche verbindet, wurde entworfen. Er bezieht in besonderer Weise Gemüse und Kräuter ein. In Magdeburg hat man sich entschieden, Teile der bepflanzten Flächen über das Garten-

Oben: Schloss Benrath
Unten: Bundesgartenschau Potsdam 2001

schaujahr hinaus noch ein paar Jahre nach den ursprünglichen Plänen zu pflegen.

Pflanzungen, die im Rahmen der BUGA Magdeburg entstanden, können Sie auf den Seiten 34, 42, 43, 44, 45, 48, 49, 59, 70 und 95 sehen.

Schloss Benrath

Im Jahre 2002 fand in Düsseldorf und Umgebung die EUROGA statt, eine dezentrale Landesgartenschau, die mehrere Garten- und Parkprojekte ins öffentliche Interesse rückte. Der Schlosspark von Benrath gehörte dazu. Nach gartendenkmalpflegerischen Gesichtspunkten plante Achim Roethig, Haan, den Parterregarten vor der Orangerie und den unweit davon gelegenen Mauergarten. Er gab uns die Aufgabe, die Sommerblumenbänder und Staudenflächen des Parterregartens und des großen Nutzgartens zu bepflanzen. Zwischen 1 000 m Buchshecke, die streng formale Parterreflächen einfassen und den Mauern des Nutzgartens, der nach barockem Vorbild gestaltet wurde, entstand ein Planungskonzept, das sich auch in der Zukunft immer wieder beweisen kann: Eine vereinfachte Ausführung des Planungskonzeptes, das wir zur EUROGA entwickelt hatten, wird Jahr für Jahr von fachkundigen Gärtnern der Stadt Düsseldorf erneut angelegt. Die Staudenflächen werden jedoch kontinuierlich gepflegt.

Pflanzungen höfischer Pracht, die modernen Anforderungen gerecht werden, erwarten Sie auf den Seiten 6, 10, 11, 24, 40, 78, 84, 88, 89 und 116.

Bundesgartenschau Potsdam 2001

Der *Gärtnerische Ausstellungswettbewerb Stauden* verläuft nach strengen, aber unkomplizierteren Regeln als der vergleichbare Wettbewerben zur Freilandzierpflanzen-Auswahl. Auf etwa 2 100 m² sollte mit dem vorgegebenen Sortiment eine attraktive Staudenpflanzung entstehen, dreigeteilt in die nördliche Remise – mit Schattenstauden –, die südliche Remise – mit Prachtstauden – und Flächen auf Muschelkalktableaus – mit Stauden für sonnige Freiflächen. Christian Meyer, Berlin, und ich erhielten den Auftrag. Gemeinsam erarbeiteten wir uns die Pflanzung und wunderten uns – im blühenden Pflanzenmeer stehend –, dass wir nicht mehr wussten, wer was erdacht hatte – vor uns lag das Ergebnis einer durch und durch positiven Zusammenarbeit. Nach wie vor werden die Flächen gepflegt, haben jedoch an Glanz verloren, der während und unmittelbar nach der Bundesgartenschau herrschte. Der Pflegeaufwand wurde auf das Machbare und noch Angemessene reduziert.

Eindrücke dieser Gestaltung können Sie auf den Seiten 28, 29, 64, 72, 76, 81, 114, 117, 127, 129, 131, 134, 136, 144 und 146 betrachten.

Ruhiger Garten, Roth

Im Jahr 2003 fand in Roth bei Nürnberg die „kleine Gartenschau", *Natur in Roth*, statt. Sie wurde vom Büro *faktorgruen* mit Martin Schedlbauer geplant. Er beauftragte uns, das Staudenkonzept des Geländes mit zu entwickeln und den *ruhigen Garten* zu planen. Dieser liegt am Ostrand des Geländes und ist vom Seniorenheim

in der Nachbarschaft unmittelbar erreichbar. Auf einer rund 100 m langen und 1 000 m² großen Fläche erstrecken sich hintereinander drei Beetgruppen, die durch verschiedene Hecken untergliedert werden, sodass sich immer wieder neue Gartenszenen und Raumbeziehungen eröffnen ohne Unruhe hervorzurufen. Die Flächen werden vom „Förderkreis der Natur ‚Roth'", gepflegt. Das lässt hoffen, dass das Flair dieser Pflanzungen über lange Jahre erhalten bleiben wird.

Teile des *ruhigen Gartens,* der immer wieder überrascht, können Sie auf den Seiten 8, 16, 20, 25, 31, 113, 121, 132, 142, 143 und 147 sehen.

Garten Dr. Christl, Altdorf

Am Ende einer Reihenhausgruppe, unmittelbar am Waldrand, erstreckt sich ein etwa 600 m² großer Garten. Konsequent wurde im Zuge der unterirdisch Hauserweiterung 1998 die Qualität des Gartens verbessert. Es ist die Dame des Hauses, deren große Liebe für den Garten und insbesondere für die kleinen und vielfältigen Pflanzungen, diese Anlage prägen. Mit Hingabe pflegt sie dieses Reich.

Das Kleinod bilden die Fotos von Seite 1 und 27 ab.

Wertwiesenpark, Heilbronn

Im Jahr 1985 veranstaltete die Stadt Heilbronn eine Landesgartenschau. Die Wertwiesen erfreuen sich seitdem sehr großer Beliebtheit. Das Pflegeniveau dieses öffentlichen Parks ist sehr hoch. Für das Jahr 2000 plante man einen „Relaunch" des Staudenbereiches. Die etwa 2 000 m² waren bisher

– ganz simple – mit aneinander gereihten Stauden gefüllt. Wir gestalteten sie um, seitdem bewegen unsere *Staudenwogen am Neckar* den Raum. Dieses opulente Pflanzenbild bezog auch bereits vorhandene Stauden mit ein, die durch Neues ergänzt wurden. Mit großer Aufgeschlossenheit kümmern sich Gärtner der Stadt um diese Pflanzung. Zudem werden wir beratend zur Entwicklung der Pflanzung hinzugezogen.

Was durch konsequente Pflege und Flächenentwicklung bewahrt werden kann sehen Sie auf der Seite 58.

Dank – ein letztes Wort

Auch wenn die gezeigten Pflanzungen überwiegend aus öffentlichen Grünflächen stammen, so ist der Anteil der vom Büro Orel geplanten Privatgärten genauso hoch und wird mit gleicher Leidenschaft betrieben. Für Marion Nickig ist es jedoch leichter organisierbar, öffentliche Pflanzungen zu fotografieren, da die beste Zeit des Bildermachens dann ist, wenn die meisten Gartenbesitzer noch schlafen. Ihr möchte ich ganz besonders danken, denn ohne ihre Bilder, die damit verbundenen vielen Fahrten, das Warten auf das passende Licht, das Hoffen auf den idealen Blühzustand, wäre das Buch nicht halb so schön. An dieser Stelle ist es auch Zeit, Danke zu sagen an den Verlag Eugen Ulmer, der den Anstoß gab, dieses Buch zu schreiben und der alle Ideen, die im Laufe der über dreijährigen Arbeit kamen, mittrug. Insbesondere danke ich Frau Tasche und Frau Wieczorek für die Geduld, auf die Vorstellungen von Marion Nickig und mir einzugehen. Ein Dank geht auch an alle Auftraggeber, die uns vertrauen und sich auch einmal von der einen oder anderen Gestaltung überraschen lassen. Die Mitarbeiter des Büros tragen mit ihrem Fleiß dazu bei, all die vielen Ideen in Pläne und ausgelegte Pflanzflächen umzusetzen. Doch wie schon die Widmung am Anfang des Buches zeigt, wäre dies ohne meine Familie und auch meine Eltern, die das Studium ermöglichten und die Leidenschaft zu den Blumen immer unterstützten, nicht möglich.

Christine Orel

Literatur

ERHARDT, W.; GÖTZ, E.; SEYBOLD, S.; BÖDEKER, N.: Zander – Handwörterbuch der Pflanzennamen. 17., überarb. u. erg. Aufl., Verlag Eugen Ulmer, Stuttgart 2002.
JELITTO, L.; SCHACHT, W.; SIMON, H.: Die Freilandschmuckstauden. 5. Aufl., neu hrsg. v. Simon, H., Verlag Eugen Ulmer, Stuttgart 2002.
HANSEN, R.; STAHL, F.: Die Stauden und ihre Lebensbereiche in Gärten und Grünanlagen. 5. Aufl., Verlag Eugen Ulmer, Stuttgart 1997.
HERTLE, B.; KIERMEIER, P.; NICKIG, M.: Gartenblumen. So blühen sie am schönsten. 2. Aufl., Verlag Gräfe und Unzer, München 1994.
POPE, N. u. S.: Gärten in Weiß, Gelb, Rot oder Blau. Effektvolle Farbklänge für den eigenen Garten. Übersetzt v. von Großmann, M. Callwey Verlag, München 1999.

Was gibt's wo?

Stauden. Viele Staudengärtnereien bieten Ihnen ein sich ständig erweiterndes und immer wieder verbessertes Sortiment an. Hier alle Betriebe aufzuführen, würde den Rahmen sprengen und falls der eine oder andere Staudengärtner nicht in der Liste wäre, diesen auch verstimmen. Stattdessen finden Sie hier die Adressen der wichtigsten Verbände in Deutschland, Österreich und der Schweiz. Dort können Sie erfragen, welche Staudenfachbetriebe/Mitgliedsbetriebe in Ihrer Nähe liegen.

Bund Deutscher Staudengärtner (BDS)
Godesberger Allee 142-1148
D-53175 Bonn
Fon.: 0049/(0)228/810 02 55
Fax.: 0049/(0)228/810 02 48
E-Mail: zvg-bom.banse@g-net.de
Internet: www.stauden.de

Perenne – Verein für Staudenentwicklung und Sortimentszüchtung e.V.
www.perenne.de

Bundesfachsektion Baumschulen und Staudengärtner im Bundesverband der Erwerbsgärtner Österreichs (BBS)
Haidestr. 22
A-1110 Wien
Fon.: 0043/(0)1/769 96 60
Fax.: 0043/(0)1/768 89 90
E-Mail: office@gartenbau.or.at
Internet: www.gartenbau.or.at

Verband Schweizerischer Baumschulen (VSB)
Zürcherstr. 17
Postfach 54
CH-5210 Windisch
Fon.: 0041/(0)56/441 57 33
Fax.: 0041/(0)56/441 88 47
E-Mail: vsb@vsb.ch
Internet: www.vsb.ch

Sommerblumen. Am besten ist es, Sie sehen sich rechtzeitig bei Ihren naheliegenden Gärtnereien, Gartenfachmärkten oder Gartencentern um und fragen, was dort für die Saison kultiviert wird oder an Sämereien vorhanden ist. Sowohl das Angebot an Samentüten als auch an fertigen Pflanzen für den Garten wird von Jahr zu Jahr besser und umfangreicher. Einige Betriebe, die Samen auch an Privatkunden versenden, sind hier aufgeführt.

Ernst Benary Samenzucht GmbH
Postfach 1127
D-34331 Hann. Münden
Fon.: 0049/(0)5541/70090
Internet: www.florakom.de

N.L Chrestensen GmbH
Witterdaer Weg 6
D-99092 Erfurt
Fon.: 0049/(0)361/22450
Fax.: 0049/(0)361/2245112
E-Mail: info@chrestensen.com
Internet: www.chrestensen.de

Thompson & Morgan
Postfach 1069
D-22784 Hamburg
Tel: 0049/(0)40/61193993
Internet: http://seeds.thompson-morgan.com.

Thysanotus Samenversand
Uwe Siebers
Schulweg 21
D-28876 Oyten
Fon.: 0049/(0)4207/5708
Internet: www.thysanotus-samenversand.de

Register

Die Fischfiguren von Seite 68 gestaltete Frauke Güntzel, Trier.

Bibliografische Information Der Deutschen Bibliothek
Die Deutsche Bibliothek verzeichnet diese Publikation in der Deutschen Nationalbibliografie; detaillierte bibliografische Daten sind im Internet über http://dnb.ddb.de abrufbar.

Wollgrasweg 41, 70599 Stuttgart (Hohenheim)
Internet: www.ulmer.de
Lektorat: Gabi Franz, Hermine Tasche
Layout und Herstellung: Gabi Wieczorek
Satz: Typomedia, Ostfildern
Reproduktionen. BRK, Stuttgart
Druck und Bindung: Offizin Andersen Nexö, Leipzig
Printed in Germany

ISBN 3-8001-4663-0

Hier erfahren Sie mehr!

Der Autor gibt einen Überblick zu den Tendenzen in der Landschaftsästhetik, regt Verbesserungen an und stärkt das Bewusstsein für landschaftliche Schönheit. Er stellt bisherige Denkgewohnheiten und Wertvorstellungen in Frage und plädiert für weniger Arroganz im Umgang mit Landschaft, für Ganzheit und Integration.

Landschaftsästhetik.

H. H. Wöbse. 2003. 304 Seiten, 197 Abb., geb. ISBN 3-8001-3217-6.

Im Mittelpunkt dieser Monographie steht die Vielfalt der Gattungen, Arten und Sorten, die sich für die Verwendung im Garten eignen. Dem Türken-Mohn und dem seltenen, blau blühenden Scheinmohn wird besondere Aufmerksamkeit zuteil. Doch auch Wildpflanzen und ihre Besonderheiten werden beschrieben.

Mohn und Scheinmohn.

F. Köhlein. 2003. 192 Seiten, 101 Farbf., 19 Zeichn., kart. ISBN 3-8001-3921-9.

Änderungen und Irrtümer vorbehalten.

Lassen Sie sich inspirieren durch den Werkbericht von ausgezeichneten holländischen Garten- und Landschaftsbauunternehmen sowie Landschaftsarchitekten. Die Architektur vieler verschiedener Gärten wird in diesem Buch reich illustriert.

Landschafts- und Gartenarchitekten und ihre Kreationen.

Die Niederlande II . L. J. Zander. 2004. 160 Seiten, 181 Farbfotos, geb. mit SU. ISBN 3-8001-4688-6.

Ulmer